青少年机器人与人工智能系列

主编：蔡鹤皋

中国教育学会教育科研重点规划课题"中小学人工智能
教学活动设计和课例实施研究"（课题编号：201900302301A）

算法与编程竞赛基础教程

FUNDAMENTALS OF ALGORITHMS AND
PROGRAMMING COMPETITIONS

于晓雅　王祺磊　蘧　征　编著

哈尔滨工业大学出版社
HARBIN INSTITUTE OF TECHNOLOGY PRESS

内 容 简 介

本书紧扣人工智能时代对创新人才的需求特征，从与生活紧密结合的真实情境问题出发，对从实际问题中抽象出基础结构或算法模型的过程加以解析，引导学生亲历界定问题、抽象建模、数据结构选择、算法实现等问题解决的过程，熟悉算法和数据结构，并能通过具体的程序实例，掌握调试和优化程序等编程技能，培养学生的计算思维、数字化学习和创新能力。

本书适用于小学和初中阶段信息学及人工智能拔尖创新人才培养，同时也可作为落实国家义务教育阶段"信息科技"课程的教师参考用书。

图书在版编目（CIP）数据

算法与编程竞赛基础教程 / 于晓雅，王祺磊，蘧征编著 .—哈尔滨：哈尔滨工业大学出版社，2024.8
（青少年机器人与人工智能系列）
ISBN 978 – 7 – 5767 – 1180 – 6

Ⅰ .①算⋯　Ⅱ .①于⋯　②王⋯　③蘧⋯　Ⅲ .① 程序设计 – 青少年读物　Ⅳ .① TP311.1 – 49

中国国家版本馆 CIP 数据核字（2023）第 255706 号

算法与编程竞赛基础教程
SUANFA YU BIANCHENG JINGSAI JICHU JIAOCHENG

策划编辑	张　荣	
责任编辑	刘　瑶	
出版发行	哈尔滨工业大学出版社	
社　　址	哈尔滨市南岗区复华四道街 10 号　邮编 150006	
传　　真	0451-86414749	
网　　址	http://hitpress.hit.edu.cn	
印　　刷	哈尔滨市石桥印务有限公司	
开　　本	787 mm × 1 092 mm　1/16　印张 18.75　字数 296 千字	
版　　次	2024 年 8 月第 1 版　2024 年 8 月第 1 次印刷	
书　　号	978 – 7 – 5767 – 1180 – 6	
定　　价	68.00 元	

总　序

　　本套教材能够成功出版，离不开全体教研人员认真严谨的治学态度和夜以继日的勤劳努力，我作为主编，对他们表示由衷的感谢。

　　本套教材整体以育人为本的理念为核心、机器人知识为骨架、编程知识为血肉，三者合而为一，融为一体，循序渐进地引导孩子们学习机器人与智能制造的基本概念，以达到提升科学素养、启迪创新思维的目的。这套教材，对孩子们在机器人领域的初学尝试大有裨益。

　　中国的机器人技术发展其实是先天不足的，早在 20 世纪 70 年代，当时国内机器人研究一穷二白，与美日两国的差距至少 20 年。1979 年，那年，45 岁的我来到美国加州大学伯克利工学院机械工程系，进修机器人技术和研究。落后就要奋发，在美期间，我从机器人的机构、运动学、动力学，机器人的硬件与软件控制系统进行了全面研究。4 年后，学成归国的我，终于可以底气十足地说"美国人能造机器人，我们中国人也能造机器人！"

　　自 20 世纪 80 年代开始，在航天部和哈尔滨工业大学的支持下，我们国家的机器人研究取得了较大的进步，第一台弧焊机器人研制成功；"863 计划"促进了机器人技术的全面发展；智能机器人专家组、机器人研究所先后成立。

　　经过数十年在机器人领域不断地上下求索，我们国家的机器人研究应用已经遍地开花，工业、农业、军工、商业、医疗、航空等领域，都取得了很好的成绩。此外，机器人智能化程度也越来越高，功能越来越先进，逐渐向人的功能发展，使机器人具有视觉、听觉、触觉、力觉和思维等功能。

　　孩子们现在学习机器人知识，是很有必要的。制造业是国民经济的主体，是立国之本、兴国之器、强国之基，没有强大的制造业，就没有国家和民族的强盛。新一轮产业革命正在兴起，势必对制造业产业和企业产生深刻影响，因此我国迫切需要推进甚至引领新工业革命的发展，广泛应用互联网、大数据、人工智能等赋能产业转型升级，由中国制造向中国智造推进。而在制造业转型升级过程中，要用中国自己的机器人发展制造业，让制造业更加自动化、智能化、信息化。此外，学习和实践机器人相关编程理论知识，还有助于提升孩子们的观察力、想象力和创造力，引导孩子们将知识学好、学活、用活，学以致用，在创新中成长成才。

最后我要对孩子们说：孩子们，现在学习机器人知识，时机也是最好的，因为你们是站在前人的肩膀上的。孩子们，你们是国家的未来，民族的希望，也是机器人领域日后的主人翁；你们是最富有朝气，最富有梦想，最富有创造力的。而我们老一辈人，则会尽我们最大努力，将你们培养成创新人才，为你们播种和点燃机器人梦想，从而为实现中国梦增添强大青春能量！

哈尔滨工业大学教授，中国工程院院士

蔡鹤皋

2019 年 10 月

前　言

万物生长，始于萌芽；千里之行，始于足下。基础学科是国家创新发展的重要动力，一个国家重要战略目标的实现，离不开在基础教育阶段的布局、播种和耕耘。建设基础学科强国，拔尖人才的培养是关键。拔尖创新性人才的培养，旨在发现特定学科领域中具有突出能力与特长的人才，通过搭建多元化的学习平台与建立持续性的培养机制，鼓励创新思维与创新意识的生成，促进其在学科领域中的深入探索与实践。基础教育是学生接触各基础学科领域知识的开始，是激发研究兴趣、学习学科知识、发展批判思维、提升创新能力的重要阶段，对于拔尖创新人才的发现和培养具有重要的价值与意义。

数字技术和人工智能已成为当今生产生活的重要组成部分，是推动社会变革的重要力量。作为五大学科奥林匹克竞赛之一，信息学奥林匹克竞赛旨在普及计算机学科领域的知识，并通过系列竞赛和相关活动发现与选拔具有突出能力的学生，为其搭建学习、交流与成长的平台，是培养计算机学科领域人才的重要渠道。以赛促学、以赛促创，信息学奥赛为学生提供了挑战自我、锻炼能力的机会，学生通过分析问题、设计算法、编程实现、优化完善等过程，提升了利用学科知识解决问题的实践能力，培养计算思维、促进深度研究、激发创新潜能，这也正契合了拔尖创新人才培养的目标。

在基础教育阶段，"信息科技"课程是普及计算机学科知识、落实核心素养的重要阵地。2022年，教育部发布了《义务教育信息科技课程标准（2022年版）》，其中提到："以数据、算法、网络、信息处理、信息安全、人工智能为课程逻辑主线……探索利用信息科技手段解决问题的过程和方法。""信息科技"课程旨在通过对以数字形式表达的信息的研究，培养学生"信息意识、计算思维、数字化学习与创新、信息社会责任"的核心素养，使其成为具备"科学知识、思维方法、处理过程和工程实践"能力的智能时代创新人才。信息科技课程亦是开展信息学奥林匹克竞赛初阶学习活动的良好平台，而信息学奥林匹克竞赛则是信息科技课程目标的一个进阶与提升，二者的关系可被归为以下几点：

1. 基础与进阶。"信息科技"课程为学生提供了计算机科学、网络通信等领域的基础知识和技能，奠定学生用计算的视角审视世界、用计算的方法表征世界的思维方法和初步问题解决的能力。而信息学奥林匹克竞赛则是在这些知识的基础上，进一步提升学生的编程能力、算法设计能力和创新思维能力，培养学生用计算的方法创建世界的思维方法和能力。

2. 普及与提高。"信息科技"课程是中小学教育中的一部分，旨在普及信息科技知识，激发学生对信息科技领域的兴趣，奠定牢固的信息学基础知识。而信息学奥林匹克竞赛则是一种高水平的竞赛活动，为感兴趣和有能力的学生提供进一步努力的方向和更高的交流学习平台，选拔和培养优秀的信息科技人才。因此，信息科技课程具有普及性，而信息学奥赛则具有提高性，两者相辅相成，共同推动信息技术教育的发展。

在"信息科技"课程中，学生可以初步接触与学习计算机学科领域的知识，感悟简单算法的应用，体会计算机学科的魅力。在人才培养角度，"信息科技"课程是培养学生兴趣、发现优秀人才的重要途径。在课程中具有突出表现的学生，教师可通过社团等方式将其组织到一起，以信息学奥林匹克竞赛为载体，进一步开展对算法的学习，探究利用计算机解决问题的方法。

算法是计算学科领域的重要研究内容，是利用计算代理解决问题的核心。在义务教育阶段普及算法对培养学生计算思维、解决数字世界和真实世界问题的能力，适应智能时代创新性人才需求具有极大的价值与意义。学习算法能够帮助学生理解计算世界的思想和理念，是针对后续学习安排的必要内容。学习算法也能够帮助学生掌握解决问题的常见方法，如枚举、递归、递推等。学习算法还能够帮助学生提高架构设计和优化的能力；实际问题往往具有综合性和复杂性，要能够合理分解任务、选择适宜的方法等，此时就需要有足够的算法来支撑各个子任务的完成。最后，学习算法是智能时代开展创新的核心；在人工智能、机器人等领域,算法都是决定产品性能的重要因素,影响着产品的发展,在算法的学习中学生会不断发展批判性思维,经历试错与完善的过程,激发创新的意识与能力。

如今 AI 对于算法的驾驭能力已经逐渐趋向于人类的应用。人们即便不懂编程,只需要给机器一段文字指令,就能生成一镜到底的视频、图画和文章。如果 AI 的发展方向是让人可以直接命令机器干活,那么还需要学编程学算法吗?这就是我们常说的,要让学生,成为知识的消费者,还是知识的创造者?答案当然是我们都想培养具有真正创造能力的创新型人才!人工智能时代,成为掌握 AI 原理、制定 AI 规则、发明 AI、推动 AI 的人才,才能成为真正的创造者,才是国家所需要的创新型人才。因此,智能时代,需要学习的也许不是某个编程语言本身,但是对于算法的理解和运用,用计算构建世界的能力,也许需要更高更强。人工智能让我们史无前例地实现了生产力解放,为了能够更好地适应未来社会的需求,未来人才更加需要掌握用计算来构建数字世界以及学会虚实世界的联合构建,对此,算法及通过算法所培养的计算思维是极其重要的。所以,本书更加强调思维发展的培养,让读者能够更清晰地理解在什么样的情况下,该使用什么样的思维方式。让思维模型逐渐在思维的过程中融合,演变为学习者的个人思维逻辑,逐步从思维上提高读者对于问题的理解,一步一步加深通过算法学习提升计算构建过程(计算思维)的理解。

本书旨在为义务教育阶段信息科技教师提供算法设计模块的教学内容和教学方法的启发性案例,并通过哈工科教云平台详细跟学全部内容,有利于算法内容的教学实施;同时也可以为小学中高学段及初中学生深入学习基础算法提供自学和帮学的平台及案例。本书围绕"强基础、重实践、强过程、重创新"的原则,从实际情境出发设计典型案例问题,引导学生开展案例结构分析,学习支撑模型,通过丰富模型案例鼓励学生开展算法的迁移应用。同时,本书案例在哈工科教云平台上均有提供,学生可在平台上开展训练,即时反馈程序结果。

北京教育学院于晓雅教授、北京市八一学校高级教师王祺磊和北京市第八中学教师蘧征,联合北京市多名参与信息学奥林匹克竞赛授课与辅导的一线教师,并邀请哈工科教云平台共同设计与撰写本书。北京教育学院于晓雅教授作为本书主编之一，全书共 9 章，具体分工如下：第一章和第七章由北京一零一中学宋强平和商愔两位老师负责完成；第二章和第六章由北京市通州区潞河中学崔长华老师负责完成；第三章由北京市第四中学梁德明老师负责完成；第四章和第八章由北京市第八中学蘧征老师负责完成；第五章由北京市顺义牛栏山一中程亚涛老师负责完成；第九章由程亚涛、王祺磊和梁德明老师负责完成。北京市八一学校王祺磊老师对全书案例分布进行了调整和修改，中国人民大学附属中学谷多玉老师对全书案例算法的科学性和准确性进行了校验，哈工科教云平台俞忠达老师负责本书和哈工科教平台课程及案例的对应工作。

在使用本书之前，建议读者先了解自身的编程基础，确保已经学习过 C++ 编程语言的基础知识，包括但不限于选择结构、循环结构、数组、函数等，具备开展算法学习的编程知识。本书注重在实践中探索与学习，学习时，建议读者打开编程环境及哈工科教云平台，认真学习案例分析、知识讲解，对编程实例等亲自编程，学习算法。"模型案例""模型迁移"栏目中的习题均可在哈工科教云平台上找到，建议在学习时，将程序提交至平台，及时进行测评，巩固与检验自己的学习效果。

在普及算法知识的同时，希望读者能够从书中了解到更多的学科相关知识，拓展眼界，建立一种系统化解决问题的意识和思维习惯。希望通过本书，中小学师生真正感受到"信息科技"课程的魅力，也可以更为轻松地把握信息学竞赛关于算法掌握要求的本质内涵。期待本书能成为中小学信息科技教师手边常用教学参考用书，也期待成为义务教育阶段"信息科技"课程拓展提升的学习支持与指导用书，更期待成为小学高年级和初中信息学奥赛社团和提升班的日常教材。

我们正处在人工智能技术革命性发展的历史转折点，用计算来创新的技术和方法日新月异，但其中不变的是人的思维和能力发展的需求。如何在变化中抓住教育的本质，是本书的另一个尝试和探索，不成熟之处，期待着同行持续的交流和建议。

作者

2024 年 2 月

目　录

第一章 函数与结构体
——代码中的积木块

自从"积木"块的编程思想被提出以来，基于"积木"块的各种可视化编程工具风靡全球。"积木"的思想是从可视化编程开始的吗？其实并非如此，在很多传统的编程语言中早已应用到"积木"的思想。

进入本章，你将跨越传统的过程化编程，将模块化思想融入程序中，提升解决问题的基础能力。

第一节 结构体——面向对象的起点

【教学提示】

教师先对结构体类型进行讲解，通过案例进一步掌握结构体的内涵，带领学生共同修改未使用结构体的程序，使之实现结构体类型，突出结构体解决问题的优势。希望学生通过案例的学习能够独立解决模型迁移中的问题。

一、典型案例

诗词飞花知多少 [①]

飞花令是古人饮酒助兴的雅令之一，出自于唐代诗人韩翃《寒食》中的"春城无处不飞花"。古时行飞花令，参与者通常需要说出带"花"的诗、词或曲，如"落花时节又逢君"。后来，随着时间的推移、场合的变换，飞花令的规则也不再局限于"花"字本身，如中央电视台《中国诗词大会》节目中就增加了

---

① 见哈工科教云平台第 188957 号案例。

"云""月""春"等关键字。某中学的诗词社团以飞花令的形式开展了"诗词达人"的角逐,共行三轮令,分别以"花""山""水"为关键词,记录每轮对令的诗词数量,一句记一分,三轮总分最高者将获得"诗词达人"的称号,参与者按照成绩高低可获得不同的奖品。现输入 N 名(不超过100名)参与者的学号、姓名及三轮分数,请按总分从高到低输出学号、姓名和总成绩,相同的总分按输入的先后顺序输出。

二、案例结构分析

问题求解的重点在于,需要从多个角度对一个事物进行描述。本案例中,可考虑将"参与者"作为一个对象,其包含多个属性,如学号、姓名及三轮成绩。以"成绩之和"作为排序标准,因此可再增添一个总成绩属性,通过计算得到。以对象描述参与者,对总成绩从高到底进行排名,很容易就能实现输出对象的学号、姓名及总成绩信息,完成求解。

三、支撑模型

现实生活中,事物或人都具有各种各样的特征或属性,如一本书有自己的书名、作者、出版社、尺寸等,一名学生有自己的学籍号、班级、性别、成绩等。那么程序中有没有一种"海纳百川"的结构能够存储对象的多种特征或属性呢?

每个事物都有多个属性,将这些属性封装在一起来描述,这就是面向对象的概念。面向对象是对现实世界的理解和抽象,让程序的描述结构更加清晰。

在 C++语言中可以用结构体或者类将同一事物的不同属性封装在一起。其中,结构体由于其简洁方便深受竞赛选手喜爱。结构体被定义后,就可以像基础数据类型一样使用,进行赋值、交换、排序等操作。

1. 结构体的定义

(1)定义结构体的同时定义结构体变量。

```
struct 结构体名
{
    成员表; // 可以有多个成员
    成员函数; // 可以有多个成员函数,也可以没有
} 结构体变量表;
```

其中 struct 是关键字，struct 和它后面的结构体名一起组成一个新的数据类型名。在定义结构体类型时，可同时定义多个结构体变量，变量之间用"，"分隔，以"；"结束。C++语言中将结构体的定义看作一条完整的语句。

（2）先定义结构体，再定义结构体变量。

```
struct  结构体名
{
    成员表；
    成员函数；
};
结构体名 结构体变量表 // 可以同时定义多个结构体变量
```

将"参与者"定义为一种结构体类型，其成员变量有学号、姓名、三轮成绩及总成绩。分别采用上述两种方法进行定义，具体见表1.1。

表 1.1　两种方法定义

在定义结构体的同时定义结构体变量	先定义结构体，再定义结构件变量

<pre>struct student
{
    string num;   //定义学号
    string name;   //定义姓名
    int s1, s2, s3; //三轮成绩
    int total;   //总分
}a[110];</pre>
	<pre>struct student
	{
	    string num; //定义学号
	    string name; //定义姓名
	    int s1, s2, s3; //三轮成绩
	    int total; //总分
	};
	student a[110];</pre>

2. 结构体变量成员的引用

在引用结构体变量成员时，通过结构成员操作符"."来实现，其格式为

结构体变量名 . 结构成员名

例如，结构体数据的输入。

```
for（int i=0; i<n; i++）{
    cin>>a[i].num>>a[i].name;
```

```
        cin>>a[i].s1>>a[i]. s2 >>a[i].s3;
        a[i].total=a[i].s1+a[i].s2+a[i]. s3; }
```

3. 结构体变量的初始化

结构体变量的初始化与数组的初始化类似,可利用大括号"{ }"将对应成员进行赋值(图1.1),例如:

struct student s1 = {101,"Zhang",8,7,5};

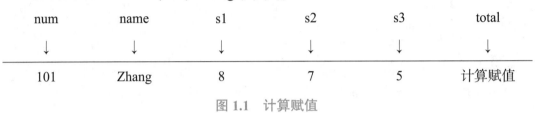

num	name	s1	s2	s3	total
↓	↓	↓	↓	↓	↓
101	Zhang	8	7	5	计算赋值

图 1.1　计算赋值

4. 结构体变量的特点

(1)结构体变量可以整体操作。

swap(a[j], a[j + 1]); // 可直接使用交换函数整体交换

a[j] = a[j + 1]; /* 可直接赋值,将一个结构体内容完整赋值给另一个结构体变量 */

(2)结构体变量的成员访问方便、清晰。

例如:cin >> a[i].name;

(3)结构体可定义成员函数。

结构体中除了有成员变量外,还可定义成员函数,同样也可以重载运算符。以下样例为按照总成绩排名,重载"<"运算符。

```
struct student
{
    string num;      //定义学号
    string name;     //定义姓名
    int s1, s2, s3;  //三轮成绩
    int total;       //总分
    bool operator<(const student &T) const
```

```
{
    return total<T.total;
}
}a[110];
// 使用重载 "<" 运算符进行排序
sort(a+1,a+n+1);
```

两个结构体的比较，还可以采用函数形式，如下所示：

```
// 定义比较函数
bool cmp(student q,student p) {
    return q.total<p.total;
}
// 使用比较函数进行排序
sort(a+1,a+n+1,cmp);
```

四、模型案例

模型案例一：图书顺序怎么排 [①]

【题目描述】

每个学期开始时，每位学生都面临着参考书的选择，但是任何一本书都有很多内容需要描述。在思考之后，为了能够更加便于图书的排序筛选，我们需要对每本书的一些基础内容进行统计，如图书名称、学科、ISBN、定价，最终将图书按照第一个关键字为学科（按字典序升序整理）、第二个关键字为名称（按字典序升序整理）、第三个关键字为 ISBN、第四个关键字为定价（从低到高）进行排序。

【输入格式】

第一行是一个正整数 N。

接下来 N 行，每行 4 个整数，其中第 i 行表示第 i 本图书的学科、名称、

---

① 见哈工科教云平台第 180705 号案例。

ISBN 及定价。

【输出格式】

输出排好序的 *N* 行图书信息。

【题目分析及参考代码】

```cpp
#include <bits/stdc++.h>
using namespace std;
struct student{
  string subject;
  string name;
  string ISBN;
  double price;
};    // 定义 struct 类型，类型名为 student
student a[110];    // 定义一个数组 a，student 类型
int n;
bool compare（student q,student p）// 定义比较函数
{
  if（q.subject!=p.subject）   return q.subject<p.subject;
  if（q.name!=p.name）       return q.name<p.name;
  if（q.ISBN!=p.ISBN）       return q.ISBN<p.ISBN;
  return q.price<p.price;
}

int main（）{
  cin>>n;
  for （int i=0; i<n; i++)
  {
// 对结构体中成员的赋值、取值
```

```
        cin>>a[i].subject>>a[i].name >>a[i].ISBN>>a[i].price;
    }


    sort（a,a+n,compare）;// 关键字排序
    for （int i=0; i<n; i++） // 输出
        cout<<a[i].subject<<" "<<a[i].name<<" "<<a[i].
ISBN<<" "<<a[i].price<<" "<<endl;

    return 0;
    }
```

模型案例二：哪只兔子跑得快 [①]

【题目描述】

小兔子们正在讨论谁跑得最快的问题。一只小兔说："我跑 10 米只用了 4 秒！够快吧？"另一只小兔说："我跑 17 米才用 6 秒！还是我快！"旁边的一只小兔说话了："上次，有只狼追我，我跑 120 米也只用了 22 秒……"就这样你一句我一句地争个不停，谁也说服不了谁。一只灰兔说："你们都别争啦。这样，把你们的名字和最好成绩都告诉我，我输入计算机，立刻就知道谁跑得最快了。"你来与小灰兔一起完成这个程序吧！

【输入格式】

第一行是一个整数 n（$1 \leq n \leq 100$），表示参与讨论的兔子的个数。

后面 $3 \times n$ 行，每 3 行是一只兔子的信息，分别是名字（字符串，长度不超过 10 个字符）、最好成绩的长度（整数，单位为米，长度不超过 1 000）、最好成绩的时间（整数，单位为秒，长度不超过 1 000）。

【输出格式】

输出一个字符串，就是跑得最快的那只兔子的名字。该程序可以选出速度最快的那只兔子。

---

① 见哈工科教云平台第 180706 号案例。

【输入样例】

3

Nikki

10

4

Snoy

17

6

Pimi

120

22

【输出样例】

Pimi

【题目分析及参考代码】

```cpp
#include <bits/stdc++.h>
using namespace std;
struct rabbit// 定义结构体
{
    char name[11];
    int s;
    int t;
    double v;
};

int main()
{
    int n,i ,fastj;
```

```
    double fast=0;
    cin>>n;
    struct rabbit x[n];// 定义 rabbit 类型变量
    for（i=0;i<n;i++）// 输入
    {
    cin>>x[i].name;// 访问结构体变量成员
    cin>>x[i].s;
    cin>>x[i].t;
    }
for（i=0;i<n;i++）
    {
    x[i].v=x[i].s * 1.0 /x[i].t;// 计算速度
    if（x[i].v>fast）
    {
        fast=x[i].v;
        fastj=i;// 存储最快速度所在的位置
    }
    }
    cout<<x[fastj].name;
    return 0;
}
```

五、典型案例参考代码

```
#include <bits/stdc++.h>
using namespace std;
// 定义 struct 类型，类型名为 student
struct student
{
```

```cpp
    string num;      // 定义学号
    string name;     // 定义姓名
    int s1, s2, s3;  // 三轮成绩
    int total;       // 总分
};
student a[110];      // 定义一个数组a,student 类型
int n;
bool compare（student q,student p）// 定义比较函数
{
    if（q.total!=p.total）  return q.total>p.total;
    return q.total>p.total;
}
int main（）{
    cin>>n;
    for（int i=0; i<n; i++）{ // 对结构体中成员的赋值、取值
        cin>>a[i].num>>a[i].name;
        cin>>a[i].s1>>a[i].s2>>a[i].s3;
        a[i].total=a[i].s1+a[i].s2+a[i].s3;
    }
    sort（a,a+n,compare）; // 排序函数
    for（int i=0; i<n; i++）// 输出
        cout<<a[i].num<<a[i].name <<''<<a[i].total<<endl;
    return 0;
}
```

六、模型迁移

1. 评等级[①]

【题目描述】

现有 $N(N \leq 1\,000)$ 位学生，每位学生需要设计一个结构体记录以下信息：学号（长度不超过 100 000 的正整数）、学业成绩和素质拓展成绩（分别是 0 到 100 的整数）、综合分数（实数）。每行读入学生的学号、学业成绩和素质拓展成绩，并且计算综合分数（分别按照 70% 和 30% 权重累加），存入结构体中。还需要在结构体中定义一个成员函数，返回该结构体对象的学业成绩和素质拓展成绩的总分。

然后需要设计一个函数，其参数是一个学生结构体对象，判断该学生是否为"优秀"。优秀的定义是学业成绩和素质拓展成绩的总分大于 140 分，且综合分数不低于 80 分。

【输入格式】

第一行为一个整数 N。

接下来 N 行，每行 3 个整数，依次代表学号、学业成绩和素质拓展成绩。

【输出格式】

输出 N 行，如果第 i 名学生是优秀的，输出 Excellent，否则输出 Not excellent。

【输入样例】

4

1223 95 59

1224 50 7

1473 32 45

1556 86 99

[①]　见哈工科教云平台第 18707 号案例。

【输出样例】

Excellent

Not excellent

Not excellent

Excellent

【题目提示】

可考虑需要定义结构体成员函数，并对结构体成员进行判断。

2. 病人排队 [①]

【题目描述】

第一行，输入一个小于 100 的正整数，表示病人的个数。

后面按照病人登记的先后顺序，每行输入一个病人的信息，包括：一个长度小于 10 的字符串表示病人的 ID（每个病人的 ID 各不相同且只含数字和字母），一个整数表示病人的年龄，中间用一个空格隔开。

【输入格式】

第一行为一个整数 N。

接下来 N 行，每行 2 个整数，依次代表病人的 ID 和年龄。

【输出格式】

按年龄从大到小的看病顺序每行输出一个病人的 ID。

【输入样例】

5

021075 40

004003 15

010158 67

021033 75

---

① 见哈工科教云平台第 180708 号案例。

102012 30

【输出样例】

021033

010158

021075

102012

004003

【题目提示】

重载比较运算符，使用排序算法。

3. 账号注册①

【题目描述】

某学习平台注册个人账号，账号信息包括姓名、身份证号及手机号。请用恰当的数据结构保存信息，并统计身份证中男性和女性的人数（身份证第17位代表性别，奇数为男，偶数为女）。

【输入格式】

第一行为一个整数 N，$1 \leqslant N \leqslant 10\ 000$。

接下来 N 行，每行 3 个字符串。第一个字符串表示姓名，第二个字符串表示身份证号，第三个字符串表示手机号。

【输出格式】

输出男性人数和女性人数，用一个空格分隔。

【输入样例】

4

Zhao 522635201000008006 18810788889

Qian 51170220100000175X 18810788887

---

① 见哈工科教云平台第 180709 号案例。

Sun 45102520100000935X 18810788886

Li 511702201000006283 18810788885

【输出样例】

2 2

【题目提示】

在结构体中实现对身份证号的分析和判断。

【学习建议】

结构体是算法的基础，需要充分理解其概念。先尝试创建一些简单的结构体，包括如何创建结构体对象、如何访问结构体成员等，通过编写和调试代码来加深理解。对于书中案例需要深入分析，逐步增加难度，探索结构体的高级特性，如结构体数组、结构体指针、结构体作为函数参数和返回值等。

第二节　函数的定义和调用——简化程序好帮手

【教学提示】

教师带领学生使用函数解决问题，将一个大而复杂的程序分解为若干个相对独立且功能单一的小块程序，并通过对函数的调用来实现总体的功能，让学生充分认识到函数是对复杂问题的一种"自顶向下，逐步求精"思想的体现。

一、典型案例

哥德巴赫猜想①

1742 年，哥德巴赫提出了这样一种猜想：任意大于 2 的整数都可写成 3 个

① 见哈工科教云平台第 100356 号案例。

质数之和。但哥德巴赫却不知如何证明，于是他向著名的数学家欧拉进行请教。欧拉在回信中肯定了哥德巴赫的猜想，并又提出了另一种等价的描述版本：任意大于 2 的偶数都可写成两个质数之和。但最终两人也没能证明此猜想，这也使得哥德巴赫猜想成为世界近代数学三大难题之一。这个问题一直影响着众多的数学爱好者，他们都为了这个问题的证明不停地努力着。我国数学家陈景润也对这个问题的证明做出了突出的贡献。

有了计算机以后，是否能在一定程度上证明这个猜想呢？请你试一试。输入一个偶数 N（$N \leqslant 10\,000$），验证哥德巴赫猜想（欧拉版）：任意大于 2 的偶数都可写成两个质数之和。如果一个数不止一种分法，则输出所有不重复的方案。

例如，10 可以表示为 $3 + 7$，也可以表示为 $5 + 5$。

二、案例结构分析

本案例的关键在于判断被加数与加数是否是质数，即质数的验证是问题求解的核心需求。在枚举被加数（或加数）的基础上，增加一个质数的判断，即可在一定程度上证明哥德巴赫猜想。

三、支撑模型

通常，在程序设计中，我们会发现一些程序段在程序的不同地方反复出现，此时可以将这些程序段作为相对独立的整体，用一个标识符给它起名字。这样，程序中出现该程序段的地方，只要简单地写上其标识符即可。因为是用户自行定义的函数，为了能够与系统已经定义好的函数进行区分，一般称该函数为自定义函数。自定义函数的使用不仅缩短了程序，还有利于结构化程序设计。因为一个复杂的问题总可将其分解成若干个子问题来解决。这样编写的程序结构清晰，逻辑关系明确，可读性强，便于编写、阅读、调试及修改。

1. 函数的定义

```
数据类型  函数名（形式参数表）
{
    函数体 // 执行语句
```

```
}
```

函数的数据类型是函数的返回值类型（若数据类型为 void，则无返回值）。函数名是标识符，一个程序中除了主函数名必须为 main 外，其余函数的名字按照标识符的取名规则可以任意选取，最好取有助于记忆的名字。

函数中最外层一对花括号"{ }"括起来的若干个说明语句和执行语句组成了一个函数的函数体，由函数体内的语句决定该函数的功能。函数体实际上是一个复合语句，它可以没有任何类型说明而只有语句，也可以两者都没有，即空函数。

了解自定义函数，可以参考系统模板给定的 main 函数：

```
int main(int argc, char** argv)
{
    return 0;
}
```

其中，int 是该函数返回值的类型；main 是函数的名称；圆括号"（ ）"里是函数的参数列表；花括号"{ }"里是函数体；"return 0;"中的"0"就是这个函数的返回值。

2. 函数的声明

调用函数之前先要声明函数原型。在主调函数中或所有函数定义前，按照如下形式声明：

类型说明符 被调函数名（含类型说明的形式参数表）；

如果是在所有函数定义之前声明了函数原型，那么该函数原型在本程序文件中任何地方都有效，也就是说，在本程序文件中任何地方都可以依照该原型调用相应的函数。

例如：

```
#include<bits/stdc++.h>
using namespace std;
bool isPrime (int x) // 函数定义
```

```
{
… // 执行语句
}
int divide (int a): // 函数声明
int main()
{
    int n;
    cin>>n;
    for(int i=4;i<=n;i+=2) divide (i);
    return 0;
}
int divide (int a) // 函数定义
{
… // 执行语句
}
```

函数 isPrime（int x）开始定义了一个 bool 类型的返回值，名字为 isPrime，参数类型为 int，名称为 x；函数体的内容是判断素数的语句；给函数命名时要注意函数名称能够尽可能地说明其功能，让代码更加容易阅读；下面是 divide（int a）函数声明和 main 函数。其中，int divide（int a）；是对函数的声明，这样即使是在程序末尾处定义 divide 函数，在主函数中仍然可以被调用。main 函数是主函数，也就是程序运行的起点。main 函数里调用 divide（i），实现了函数的调用。因此不用在主函数里写相关的计算程序，就可以通过函数调用来实现函数的功能。

3. 函数体与返回值

在组成函数体的各类语句中，值得注意的是返回语句 return。
它的一般形式是

return（表达式）；

例如下面这个函数：

```
bool isPrime (int x)
{
    {… // 执行语句
            return false;
    }
    return true;
}
```

return false、 return true 的功能是把程序流程从被调函数转向主调函数，并把表达式的值带回主调函数，实现函数的返回。所以，圆括号"（ ）"表达式的值实际上就是该函数的返回值。其返回值的类型即为它所在函数的函数类型。当一个函数没有返回值时，函数中可以没有 return 语句，直接利用函数体的右花括号"}"作为没有返回值的函数的返回。有的函数可以有 return 语句，但 return 后没有表达式。返回语句的另一种形式是

```
return;
```

这时函数没有返回值，而只把程序流程转向主调函数。

4. 函数传值

函数传值指调用函数时将其实际参考（简称实参）表中的实参值依次对应地传递给被调函数形式参数（简称形参）表中的形参。要求函数的实参与形参个数相等，并且类型相同，如 main 函数中调用 divide 函数。实际上，函数的调用过程是对栈空间的操作过程，因为调用函数的目的是使用栈空间来保存信息。函数在返回时如果有返回值，则将它保存在临时变量中。然后恢复主调函数的运行状态，释放被调函数的栈空间，按其返回地址返回到调用函数。在 C＋＋语言中，函数参数传递分为值传递、引用传递和指针传递。

（1）值传递。

值传递指函数调用时将其实际参数的数据值传递给形式参数，即将实参值拷贝一个副本存放在被调函数的栈空间中。在被调函数中，形参值可以改变，但不影响主调函数的实参值。参数传递方向只是从实参到形参，简称单向值传递。

```
#include <bits/stdc++.h>
using namespace std;
void swap(int a, int b)
{
  int t=a;
  a=b;
  b=t;
  cout<<"in swap" <<a<<" "<<b<<endl;
}
int main()
{
  int x=3, y=4;
  swap(x,y);
  cout<<"in main" <<x<<" "<<y<<endl;
  return 0;
}
```

在主函数中调用 swap（ ）函数时，进入 swap（ ）函数，swap（ ）函数将 a 和 b 的两个进行交换。在 swap（ ）中两个参数的值是互换的，但是在主函数中，x 和 y 的值不受影响，保持 3 和 4 没有变。

（2）引用传递。

引用传递是将实参变量的地址值传递给形参，函数中对于形式参数的操作会直接反映到实际参数中，这就提供了一种可以改变实参变量值的方法。

```
#include <bits/stdc++.h>
using namespace std;
void swap(int &a, int &b)
{
  int t=a;
  a=b;
```

```
    b=t;
    cout<<"in swap "<<a<<" "<<b<<endl;
}
int main()
{
    int x=3, y=4;
    swap(x,y);
    cout<<"in main "<<x<<" "<<y<<endl;
    return 0;
}
```

【运行结果】

```
in swap 4 3
in main 4 3
```

swap（）函数的参数是引用传递，在swap（）函数中交换了 a 和 b 变量的值，则实际参数 x 和 y 的值也相应地被交换。

（3）指针传递。

指针传递是将地址当作一个变量传递给形式参数，此时形式参数是指针，所有操作方式参考指针的使用方法。

```
#include <bits/stdc++.h>
using namespace std;
void swap(int *a, int *b)
{
    int t=*a;
    *a=*b;
    *b=t;
    cout<<"in swap"<<*a<<" "<<*b<<endl;
}
```

```
int main()
{
    int x=3, y=4;
    swap(&x,&y);
    cout<<"in main"<<x<<" "<<y<<endl;
    return 0;
}
```

形式参数其实是地址，地址也可以被交换。本案例中交换的是内存地址中的内容，所以在 main（ ）函数中，相应的两个变量 x 和 y 的内容也就交换了。

5. 函数的调用

调用函数时需要有与定义和声明时个数、类型一致的实际参数。例如，divide 函数参数是 int 型，那么在调用 divide 时，实际参数就应该是 int 型，同时应该与其定义是一致的，而且只能有一个参数，参数的个数也需要与定义保持一致。

```
#include <bits/stdc++.h>
using namespace std;
int isPrime (int x)
{
    … // 执行语句
}
int divide (int a)
{
    … // 执行语句
if(isPrime (i)&& isPrime (a-i))
    … // 执行语句
}
int main()
{
```

```
   … // 执行语句
   for(int i=4;i<=n;i+=2) divide (i);
   return 0;
}
```

既然主函数可以调用我们定义的函数，那么我们定义的函数能不能调用其他函数呢？当然是可以的，这种调用方法称为函数的嵌套，即在函数中调用其他函数。例如，代码里定义了两个函数 isPrime (int x)、divide (int a)，我们在定义的 divide (int a) 函数中调用了 isPrime (int x) 函数。运行时先进入 main 主函数，从 main 主函数进入 divide 函数，再从 divide 函数调用 isPrime 函数。在函数中调用其他函数也要遵循我们之前讲的原则：如果被调用的函数在函数之前定义，则可以省略在函数中的声明；如果被调用的函数在函数之后定义，那么必须要在调用之前进行函数声明。

6. 数组作为函数参数

除了可以用数组元素作函数参数外，还可以用数组名作函数参数（包括实参和形参）。需要注意的是，用数组元素作实参时，向形参变量传递的是数组元素的值，而用数组名作函数实参时，向形参（数组名或指针变量）传递的是数组首元素的地址。

（1）一维数组名作函数参数。

【题目描述】

有一个一维数组 score，该数组内包含 10 位学生的成绩，求这 10 位学生的平均成绩。

【分析】

用一个函数 average 来求平均成绩，不用数组元素作函数实参，而是用数组名作函数实参，形参也用数组名。在 average 函数中引用各数组元素，求平均成绩并返回 main 函数。

```
#include <bits/stdc++.h>
using namespace std;
```

```cpp
int main()
{
    float   average(float array[10]);   // 函数声明
    float score[10],aver;
    int i;
    cout<<"input 10 scores:"<<endl;
    for(i=0;i<10;i++)
        cin>>score[i];
    aver=average(score);
    cout<<"average score is "<<aver;
    return 0;
}
float average (float array[10])
{
    int i;
    float aver,sum=array[0];
    for(i=1;i<10;i++)
        sum=sum+array[i];
    aver=sum/10;
    return (aver);
}
```

【分析】

用数组名作函数参数，应对主调函数和被调函数分别定义数组，不能只在一方定义。实参数组与形参数组的类型应一致，若不一致，结果将出错。在定义 average 函数时，只是将实参数组的首元素的地址传递给形参数组名。因此，形参数组名获得了实参数组的首元素的地址，并且形参数组可以不指定大小，在定义数组时数组名后面可以直接跟一个空的方括号，如 float average（float array[ ]）。

（2）二维数组名作函数参数。

多维数组元素可以作函数参数，这与前述的情况类似。可以用多维数组名作为函数的实参和形参，在被调函数中，对形参数组定义时可以指定每一维的大小，也可以省略第一维的大小说明。例如：

```
int array[3][10];
```

或

```
int array[ ][10];
```

二者均合法而且等价，但是不能将第二维以及其他高维的大小说明省略。如下面的定义是不合法的：

```
int array[10][ ];
```

这是为什么呢？前面已说明，二维数组是由若干个一维数组组成的，在内存中，数组是按行存放的，因此，在定义二维数组时，必须指定列数（即一行中包含几个元素）。由于形参数组与实参数组的类型相同，所以它们都由具有相同长度的一维数组组成，可以只指定第一维（行数）而省略第二维（列数）。

四、模型案例

模型案例一：二维矩阵的最值问题 [①]

【题目描述】

有一个 3×4 的矩阵，求该矩阵中所有元素的最大值。

【输入样例】

3 4 10 3

29 71 81 30

15 80 19 71

【输出样例】

81

---

① 见哈工科教云平台第 18710 号案例。

【题目分析及参考代码】

先使变量 max 的初值等于矩阵中第一个元素的值，然后将矩阵中各个元素的值与 max 相比，每次比较后都把"大者"存放在 max 中，全部元素比较完后，max 的值就是所有元素的最大值。

形参数组 array 的第一维大小省略，第二维大小不能省略，而且要与实参数组的第二维大小相同。在主函数调用 max_value 函数时，把实参数组 a 的第一行的起始地址传递给形参数组 array，因此 array 数组第一行的起始地址与 a 数组第一行的起始地址相同。由于两个数组的列数相同，因此 array 数组第二行的起始地址与 a 数组第二行的起始地址相同。

```cpp
#include <bits/stdc++.h>
using namespace std;
int max_value(int array[][4])
{
  int max;
  max=array[0][0];
  for(int i=0;i<3;i++)
  {
    for(int j=0;j<4;j++)
    {
      if(array[i][j]>max)
      {
        max=array[i][j];
      }
    }
  }
  return max;
}
int main()
```

```
{
    int max_value(int array[][4]);
    int a[3][4];
    for(int i=0;i<3;j++)
      for(int j=0;j<4;j++)
        cin>>a[i][j];
    cout<<"max_value="<<max_value(a);
    return 0;
}
```

模型案例二：求范围内的质数 [①]

【题目描述】

公元前300年左右，希腊数学家欧几里得在其著作《几何原本》中证明了"质数是无限的"。输入 n（$n < 100$）个不大于 100 000 的整数，要求全部储存在数组中，去除掉不是质数的数字，依次输出剩余的质数。

【输入样例】

5

3 4 5 6 7

【输出样例】

3 5 7

【题目分析及参考代码】

本问题求解的核心在于判断一个整数是否是质数，由于要对每个整数进行判断，因此可以考虑编写一个判断质数的函数。这样我们判断质数时调用函数即可。根据质数的定义，x 不是质数，等价于 x 有 1 和 x 之外的因子。函数可

---

① 见哈工科教云平台第 180711 号案例。

以这样实现：依次用 $2 \sim x-1$ 来除 x；如果能够被整除，则说明这个数不是质数，返回 0；反之，如果不能被整除，则符合质数的定义，返回 1。如果在整体循环过程中，if 语句的条件从未成立过，那么到达函数最底部的 "return 1"，这时说明 x 没有 1 和 x 以外的因子，即 x 是质数。

我们定义好判断质数的函数之后再来看主程序：首先定义一个 n，这个 n 是我们要输入的数组元素的个数；然后定义一个数组，用来存放第二行输入的数；最后通过 for 循环依次填入数组值。

接下来再通过一个 for 循环加条件判断，也就是按顺序枚举数组元素。当 $a[i]$ 为质数且 $a[i] \geqslant 2$ 时就输出 $a[i]$，这样就可以依次输出数组中的质数了。回到题目，当 $a[i]<2$ 时，在 f 函数中不会进入循环而会直接到达函数底部被当质数，这就是错误判断，所以输入时加上 $a[i] \geqslant 2$ 的辅助判断来过滤掉 f 函数不想接受的输入。另一种解决方法是将 if $a[i]<2$ return 0 的语句写在 f 函数头部。第二种办法更好，不过很多时候，第一种方法的辅助判断也是必需的。"&&"是逻辑"与"运算符，表示两边的表达式同时成立，即 $a[i]>=2$ 且 $f(a[i])$ 返回值为 1，"&&"运算符优先级低于 $>=$ 运算符，这样通过这个 for 循环就能筛选出数组 a 中所有的质数。

判断质数的算法非常多，也有很多优化算法，最新的算法前沿领域中也在不断提出更快更好的判断算法。这里在最坏情况下判断 x 是 $O(x)$ 的，但是如果 x 有因子，必定是成对出现的，所以只需要枚举到循环判断条件是 i*i<=x，这样最坏情况下就也只会到 $O(\sqrt{x})$。

```cpp
#include <bits/stdc++.h>
using namespace std;
int f(int x)
{
    for(int i=2;i<x;i++)
     if(x%i==0)        // 判断质数的函数
         return 0;     // 若 x 有 1 和 x 之外的因子, 函数返回值为 0
    return 1;          /* 若不返回 0, 则没有 1 和 X 之外的因子, X
```

为质数，返回1*/

```
}


int main()
{
    int n,a[101]; // 输入 n 和数组 a
    cin>>n;
    for(int i=0;i<n;i++) cin>>a[i];
    for(int i=0;i<n;i++)
        if(a[i]>=2&&f(a[i]))    /* 输出大于 2 且函数返回值为 1
的数（即质数）*/
            cout<<a[i]<<" ";
    return 0;
}
```

模型案例三：回文质数有多少 [①]

【题目描述】

回文是指正读、倒读都能成文的修辞手法。在我国古代，利用回文写成的诗被称为回文诗。例如，苏轼写的《菩萨蛮·回文》：

> 峤南江浅红梅小，小梅红浅江南峤。
>
> 窥我向疏篱，篱疏向我窥。
>
> 老人行即到，到即行人老。
>
> 离别惜残枝，枝残惜别离。

数学中也存在回文的情况。例如，151 既是一个质数又是一个回文数（从左到右和从右到左是看一样的），所以我们把 151 称为回文质数。请你编写一个程序来找出 $[a, b]$（$5 \leqslant a < b \leqslant 100\,000\,000$）之间的所有回文质数。

---

① 见哈工科教云平台第 100269 号案例。

【输入格式】

输入两个整数 a 和 b。

【输出格式】

输出一个回文质数的列表，一行一个数。

【输入样例】

5 200

【输出样例】

5

7

11

101

131

151

181

191

【题目分析及参考代码】

对于回文质数的判断，输入的是数字而不是字符串，首先将数字 s 转化按位存进数组里，定义一个数组 a[10]，将 s 存入数组 a 中。s%10 指取余，取 s 的最低位，然后去除最低位，将最新值重新赋予 s，如此进行下去，将 s 每个位上的数存入 a。创建数组时必须定义数组的类型和大小，其中数组中元素的类型都是相同的，数组的大小不能为 0。数组一般要先进行初始化，不过这里不需要，我们直接将 s 处理之后存入数组 a。数组从 0 开始，第一位是 a[0]，转成数组之后，按照上一案例中判断回文质数的流程，定义一个 for 循环，逐位判断是否首尾相等，遇到哪一位不相等就返回 0，跳出函数。

```cpp
#include <bits/stdc++.h>
using namespace std;
```

```cpp
bool huiwen(int m)// 回文质数的判定
{
  int x, mp;
  mp=m;
  x=0;
  while (m != 0)
  {
    x=x*10+m%10;
    m=m/10;
  }
  if (x==mp)
    return true;
  else
    return false;
}
bool zhishu(int m)// 质数的判定
{
  int i;
  if (m<2)
    return false;
  for(i=2;i<=sqrt(m);i++)
  {
    if(m%i==0)
    {
      return false;
    }
  }
  return true;
```

```
    }
int main()
{
    int a, b, i;
    cin>>a>>b;
    if (b>9999999)// 范围锁定
        b=9999999;
    for (i=a; i<=b; i++)
    {
        if (huiwen(i)&&zhishu(i))
        {
            cout<<i<<endl;
        }
    }
    return 0;
}
```

【知识拓展】

偶数位回文质数只有 11 是质数，因为其他回文质数都是 11 的倍数。

模型案例四：n 的乘阶 [①]

【题目描述】

1808 年，基斯顿·卡曼发明了运算符号阶乘"!"，并给出一个正整数的阶乘为所有小于等于该数的正整数的乘积。例如，$3! = 3 \times 2 \times 1$。请计算 $S = 1! + 2! + 3! + \cdots + n!$（$n \le 10$）。

【输入格式】

输入整数 n。

---

① 见哈工科教云平台第 104307 号案例。

【输出格式】

输出阶乘和。

【输入样例】

3

【输出样例】

9

【题目分析及参考代码】

首先编一个函数计算整数的阶乘，须强调一点，如果一个函数需要调用自己本身进行递归，那么就要考虑递归终止的条件。然后定义一个 sum 函数用来计算阶乘和，这个函数里先定义一个变量 sum 用来存放阶乘和，局部变量需要手动初始化为 0。接下来利用 for 循环依次求阶乘并加入 sum 变量。最后 sum 存放的是阶乘和的计算结果。主函数里输入 n，调用 sum(n) 函数求阶乘和并用 cout 输出结果。

```cpp
#include <bits/stdc++.h>
using namespace std;
int fac(int n)
{
    // 计算阶乘
    int s=1;
    int i;
    for (i=1; i<=n; i++)
        s=s*i;
    return s;
}
int sum(int n)
{
    int s=0;
```

```
  for(int i=1;i<=n;i++)// 计算阶乘的和
    s+=fac(i);
  return s;
}
int main()
{
  int n;
  cin>>n;
  cout<<sum(n);
  return 0;
}
```

【知识拓展】

提高算法复杂度时，增长最快的就是阶乘的内容。如果求更大的阶乘和，请了解后面关于高精度问题部分。

五、典型案例参考代码

```
#include <bits/stdc++.h>
using namespace std;
bool isPrime (int x)
{
  int i;
  if (x<2)
    return false;
  for(i=2;i*i<=x;i++)
    {
      if(x%i==0)
        {
          return false;// 一旦有 1 和 x 之外的因子，则返回 0
```

```
        }
    }
  return true;
}
int main()
{
  int n, i;
  cin>>n;
  for(i=2; i<=n/2;i++)
    if (isPrime(i) && isPrime(n-i))
      cout<<n<<"="<<i<<"+"<<n-i<<endl;
  return 0;
}
```

六、模型迁移

1. 完美数 [①]

【题目描述】

在数学中，很多数都是很有趣的。比如如果一个数与自己的真约数（除自己本身以外的约数）之和相等，则这个数被称为完美数。如 6，它的真约数是 1、2、3，而 1 + 2 + 3 的和又等于 6。我们称 6 为完美数。请求出 1 ～ n 之间的所有完美数。

【输入格式】

输入一个正整数 n（$n \leq 10\ 000$）。

【输出格式】

输出范围内的若干个完美数，每个数占一行，最后一行为 1 ～ n 范围内完

---

① 见哈工科教云平台第 180712 号案例。

美数的个数。若该范围内没有完美数，则输出 0 即可。

【输入样例】

6

【输出样例】

6

1

【输入样例】

5

【输出样例】

0

2. 闰年判断[①]

【题目描述】

输入两个年份 x 和 y，统计并输出公元 x 年到公元 y 年之间的所有闰年数（包括 x 年和 y 年）。

【输入格式】

输入两个正整数 x 和 y（$1\,900 \leqslant x, y \leqslant 3\,000$），它们之间用一个空格隔开。

【输出格式】

输出一个正整数，表示公元 x 年到公元 y 年之间的所有闰年数。

【输入样例】

2000 2004

【输出样例】

2

---

① 见哈工科教云平台第 180713 号案例。

3. 最简真分数 [①]

【题目描述】

给出 n 个正整数，任取两个数分别作为分子和分母，再将它们组成最简真分数，编程求共有几个这样的组合。

【输入格式】

第一行为一个正整数 n（$0 < n < 100$），表示第二行的正整数个数。

第二行为 n 个正整数 a_i（$a_i \leq 2\,000\,000\,000$），两个数之间用一个空格隔开。

【输出格式】

输出一个正整数，表示题目所求。

【输入样例】

7

3 5 7 9 11 13 15

【输出样例】

17

4. 黑色星期五 [②]

【题目描述】

在西方，星期五和 13 都代表坏运气，两个不幸的个体最后结合成超级不幸的一天。所以，不管哪个月的 13 号又恰逢星期五，都叫"黑色星期五"。那么 13 号是星期五比是其他日子少吗？

为了回答这个问题，编写一个程序，要求计算每个月的 13 号落在星期一到星期日的次数。即给出 n 年的一个周期，要求计算在 1900 年 1 月 1 日至 $1\,900 + n - 1$ 年 12 月 31 日中，13 号落在星期一到星期日的次数。

这里有一些常识需要了解：

---

① 见哈工科教云平台第 180714 号案例。
② 见哈工科教云平台第 180715 号案例。

（1）1900 年 1 月 1 日是星期一。

（2）4 月、6 月、11 月和 9 月有 30 天，其他月份除了 2 月都有 31 天，闰年 2 月有 29 天，平年 2 月有 28 天。

（3）年份可以被 4 整除的为闰年（例如 $1992 \div 4 = 498$，故此 1992 年是闰年）。

（4）以上规则不适合于世纪年。可以被 400 整除的世纪年为闰年，否则为平年。所以，1700 年、1800 年、1900 年、2100 年是平年，而 2000 年是闰年。

【输入格式】

输出一个正整数 n。

【输出格式】

依次输出 13 号落在星期一到星期日的次数。

【输入样例】

20

【输出样例】

36 33 34 33 35 35 34

【学习建议】

　　函数可以提高代码的可读性、可维护性和可重用性，需要充分理解其概念，如函数名、参数列表、返回类型和函数体等。通过编写简单的程序，实践函数调用的过程，包括函数调用的语法和参数传递，掌握函数中每种参数传递方式的特点和适用场景，以及它们对函数内部和函数外部变量的影响，逐步增加难度，学习回调函数、递归函数等更高阶的概念和用法。

第二章 模拟算法
——将现实转为程序

现实生活多姿多彩。将现实中的事与物，转换成为程序中的数据与运算，将事物的运转规则转换为程序中对数据的处理过程，由此实现对现实生活中事与物的抽象及模拟。

模拟算法是一种最基本的算法思想，是对基本编程能力的考查。模拟就是通过简单易懂的方式，根据题目给出的规则对题目的相关过程进行编程模拟。简单来说，就是题目怎么说，程序怎么做。本章将以基本模拟算法进行分析，帮助读者更好地解决此类问题。

第一节 线性模拟——让数组的功能不仅仅是存储

【教学提示】

教师先通过简单例子对模拟算法的概念进行讲解，使学生理解将现实转为程序的含义和过程，并能付诸实践。然后举例说明线性数组如何应用在模拟算法中，要求学生能熟练地运用数组进行数据的存储、查询和修改，以及如何用数组对模拟算法进行建模。

一、典型案例

开关灯问题[①]

装修是一个很需要动脑筋的事情。在编程学院中，有一个长长的走廊，里

---

① 见哈工科教云平台第 186133 号案例。

面有 N 盏灯。如果每盏灯都需要一个开关控制，操作则不是非常方便。所以，设计者设计了一个有趣的控制方案。编号为 1 的开关，控制 1 的倍数的灯的开关状态切换；编号为 2 的开关，控制 2 的倍数的灯的开关状态切换；编号为 3 的开关，控制 3 的倍数的灯的开关状态切换……所谓切换就是让被控灯从开状态切换到关状态或者从关状态切换到开状态。

好奇心极强的奇奇，从头到尾将所有开关都按了一遍。最后到底哪些灯能够开着呢？

二、案例结构分析

案例中，所有的灯都会被不同的人调整开关状态。那么在这个案例中就需要一定的结构来记录每盏灯的开关状态。什么样的思想和结构可以完成这样的功能呢？

三、支撑模型

典型案例的问题求解，简单来说就是模拟对数据存储结构的操作过程。计数法排序不是基于比较操作的排序算法。该算法的优势在于对一定范围内的整数排序时，其复杂度为 $O(n+k)$（其中 k 为整数），快于任何比较排序算法。当然，这是一种牺牲空间换取时间的做法，当数据规模较小时，其效率反而不如基于比较的排序。所以，无论多么高级的算法，都有其应用的情景，不可一概而论。

先假设 20 个数列为 {9，3，5，4，9，1，2，7，8，1，3，6，5，3，4，0，10，9，7，9}。先遍历这个无序的随机数组，找出最大值 10 和最小值 0，这样对应的计数范围是 0～10。然后每个整数按照其值对号入座，对应数组下标的元素进行加 1 操作。

比如第一个整数是 9，那么数组下标为 9 的元素加 1，如图 2.1 所示。

0	0	0	0	0	0	0	0	0	1	0
0	1	2	3	4	5	6	7	8	9	10

图 2.1 数组下标为 9 的元素加 1

第二个整数是 3，那么数组下标为 3 的元素加 1，如图 2.2 所示。

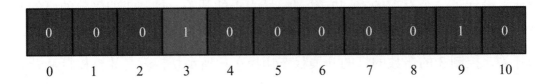

0	0	0	1	0	0	0	0	0	1	0
0	1	2	3	4	5	6	7	8	9	10

图 2.2　数组下标为 3 的元素加 1

继续遍历数列并修改数组，最终，数列遍历完毕时，数组的状态如图 2.3
所示。

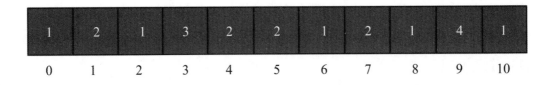

1	2	1	3	2	2	1	2	1	4	1
0	1	2	3	4	5	6	7	8	9	10

图 2.3　数组的状态

数组中的每个值代表数列中对应整数的出现次数。

通过这个统计结果，排序就很简单了。直接遍历数组，输出数组元素的下
标值，元素的值是几，就输出几次。比如统计结果中的 1 为 2，则表示数列中
有 2 个 1。这样就得到最终的排序结果，即 0、1、1、2、3、3、3、4、4、5、5、
6、7、7、8、9、9、9、9、10。

计数排序是一种以空间换时间的排序算法，并且只适用于待排序列中所有
的数较为集中时。如数列 {3，2，1，999} 就不适合使用计数排序，需要开辟
1 000 个辅助空间，太过于浪费。

计数排序是稳定的。具有相同值的两个元素在输出数组中的相对次序与它
们在输入数组中的相对次序相同。也就是说，对两个相同的数来说，在输入数
组中先出现的数，在输出数组中也位于前面。

四、模型案例

模型案例一：分段人数如何统计[①]

【题目描述】

李明是一位程序设计竞赛指导教师，每次考试之后，他都要统计班级每个分数各有多少学生。有了这些数据，给学生进行考试分析时，会更有说服力。请你协助李明编写一个程序，将每个分数的学生数量分别显示出来。

【输入格式】

第一行为一个数组 N（$N \leq 1\,000\,000$）

第二行为 N 个整数，不超过 120。

【输出格式】

不确定行数，每行两个数字，第一个数字是考试分数，第二个数字是得这个分数的人数。

要求分数高的先输出。

【输入样例】

10

110 115 120 113 118 115 118 120 100 110

【输出样例】

120 2

118 2

115 2

113 1

110 2

100 1

---

① 见哈工科教云平台第 180716 号案例。

【题目分析及参考代码】

本案例要求统计每个分数的人数，利用计数排序的思路即可完成。计数法排序是一种结合数组与模拟过程的实际应用案例。将数值和数组的下标一一对应，使用数组下标替代数据本身，从而用对应位置的变量来存储个数。

```cpp
#include <bits/stdc++.h>
using namespace std;

int main(){
  int n,i,t,a[125];
  cin>>n;
  for (i=0;i<n;i++)
  {
    cin>>t;
    a[t]++;
  }
  for (i=120;i>=0;i--)// 从大到小循环
  {
    if (a[i]!=0) // 如果个数超过 0，那么输出分数 i 和 a[i]
    {
      cout<<i<<" "<<a[i]<<endl;
    }
  }
  return 0;
}
```

模型案例二：埃氏筛法求质数 [①]

【题目描述】

在第一章的学习中，我们通过找约数来验证质数。其实，质数的验证也可以使用类似计数排序的方式，使用标识来标记一个数是否为质数。这种方法被称为埃拉托斯特尼筛法，简称埃氏筛法。该方法是由希腊数学家埃拉托斯特尼所提出的简单检测素数的算法。它运用了极为巧妙的方式，使得程序可以一次遍历，多次使用，从而避免频繁遍历判断。

要得到自然数 n 以内的全部素数，必须把不大于 $\sqrt{x}$ 的所有素数的倍数剔除，剩下的就是素数。

埃氏筛法的算法复杂度为 $O(n \log(\log n))$，其思想很简单。我们知道 2 是素数，那么 2 的倍数一定不是素数，这些数无须进行判断。同理 3 是素数，那么 3 的倍数一定不是素数……于是，先把 N 个素数排列起来，从 2 开始，2 的倍数全部标记为合数，再把 3 的倍数全部标记为合数，一直做下去，就能把不超过 N 的所有合数筛掉。

【输入格式】

第一行是一个整数 n（$1 \leqslant n \leqslant 100$），表示个数。

第二行为 n 个整数，每个整数用空格隔开。

【输出格式】

输出质数。

【输入样例】

5

3 4 5 6 7

【输出样例】

3 5 7

① 见哈工科教云平台第 105378 号案例。

【题目分析及参考代码】

```cpp
#include <bits/stdc++.h>
using namespace std;
const int maxn=100000;/*用于定义数组大小，最大输入数值不超过
100 000*/
bool isPrime[maxn+10];  /*定义布尔数组，其值表示对应的数组下
标是否为质数 */
/*定义质数的埃氏筛法函数，函数执行后，数组下标值是质数的，对应
数组元素的值为 true，否则为 false*/
void sieve(int n)
{
    memset(isPrime,true,sizeof(isPrime));/*初始化数组，全
部赋值为 true*/
    isPrime[0]=isPrime[1]=false;//0,1 都不是质数
    for(int i=2;i<=n;i++)
    {
        if(isPrime[i]) // 如果 i 是质数
        {
            for(int j=2*i;j<=n;j+=i)/*则 i 的整数倍都不是
质数 */
                isPrime[j]=false;
        }
    }
}
int main(){
    sieve(maxn);// 筛选质数
    int n,m; // 输入 n 个数
    cin>>n;
```

```
for(int i=0;i<n;i++)
{
    cin>>m;
    if(isPrime[m])
cout<<m<<" ";// 如果 m 是质数，则输出
}
return 0;
}
```

模型案例三：欧拉筛法求质数 [①]

【题目描述】

埃氏筛法已经降低了找质数的复杂度，但其在筛选过程中有重复性的操作：如 18 会被质数 2 和质数 3 分别筛选一次。能不能让每个合数只被筛选一次呢？欧拉筛法给出了答案。

欧拉筛法的基本思想：在埃氏筛法的基础上，让每个合数只被它的最小质因子筛选一次，以达到不重复筛选的目的。对于一个合数的分解：在欧拉筛法中将其分解成它的最小质因子与一个其他数的乘积。

欧拉筛法：

如果 i 是质数，那么就将它与之前的质数（包括它本身）的乘积筛掉。

如果 i 是合数，那么就将它与从 2 到它最小的质因子之间的质数的乘积分别筛掉。

【输入格式】

第一行为一个整数 n（$1 \leqslant n \leqslant 100$），表示个数。

第二行为 n 个正整数，每个整数用空格隔开。每个数不超过 10^5。

---

① 见哈工科教云平台第 105378 号案例。

【输出格式】

按输入顺序输出其中的质数。

【输入样例】

5

3 4 5 6 7

【输出样例】

3 5 7

【题目分析及参考代码】

```cpp
#include <bits/stdc++.h>
using namespace std;
const int maxn=100000;
int ispr[maxn],pri[maxn],p;      //ispr[i]=1，表示 i 不是素数
int main()
{
    ispr[0]=ispr[1]=1;
    for (int i=2; i<=maxn; i++)
      {
      if (!ispr[i])
      pri[++p]=i;   /*前面部分与埃氏筛法一样，pri 数组存储当前
已经确定的素数 */
        for (int j=1; j<=p&&i*pri[j]<=maxn; j++)
          {
            ispr[i*pri[j]]=1;
            if (i%pri[j]==0) /* 如果 pri[j] 是 i 的最小质因子，
则对 i 不再往后筛 */
            break;
```

```
            }

        }
        int n;
        cin>>n;
        for(int i=1;i<=n;i++){
            int x;
            cin>>x;
            if(!ispr[x] cout<<x<<" ";
        }
        return 0;
    }
```

五、典型案例参考代码

引入计数排序的思想，将 n 盏灯的状态，用一个至少有 n 个元素的一维数组进行表示。

我们以 10 盏灯为例，模拟开关灯的全过程。假定关灯状态用 "0" 表示，开灯状态用 "1" 表示。每个人开关灯的情况见表 2.1。

表 2.1　每个人开关灯的情况

灯编号	1	2	3	4	5	6	7	8	9	10
灯初始状态	0	0	0	0	0	0	0	0	0	0
第 1 人	1	1	1	1	1	1	1	1	1	1
第 2 人		0		0		0		0		0
第 3 人			0			1		0		
第 4 人				1				1		
第 5 人					0					1
第 6 人						0				
第 7 人							0			
第 8 人								0		

续表

灯编号	1	2	3	4	5	6	7	8	9	10
第9人									1	
第10人										0
最终灯的状态	1	0	0	1	0	0	0	0	1	0
灯开关的次数	1	2	2	3	2	4	2	4	3	4

"0"表示灯的状态是关闭，"1"表示灯的状态是打开，用变量 i 记录开关灯的次数。题目表明灯初始状态是关闭，通过观察发现，如果灯开关的次数 i 是奇数，那么最终灯是打开状态；如果灯的开关次数 i 是偶数，那么最终灯是关闭状态。由此可以归纳如下：

（1）若灯的初始状态为 0，$i\%2==1$ 时，灯被打开，$i\%2==0$ 时，此灯仍然关闭。

（2）若灯的初始状态为 1，$i\%2==1$ 时，灯被关闭，$i\%2==0$ 时，此灯仍然打开。

我们用 $a[1]$，$a[2]$，$a[3]$，$a[4]$，…，$a[n]$ 表示编号为 1，2，3，…，n 的灯，初值都为 0，表示灯都是关闭状态，让 i 从 1 到 N 循环，将 a 数组中 i 倍数的元素值取反，输出 a 数组中值为 1 的元素。程序借助数组实现操作过程，找到结果。这种思路可以帮助我们通过数组模拟实现问题情境的操作过程，从而获得操作后的最终结果。

```cpp
#include <bits/stdc++.h>
using namespace std;
int main()
{
  int n, m;
  int i, j;
  cin>>n;
  int a[1000]={};//0 为关，1 为开；默认状态为关闭
  for(i=1; i<=n; i++)
    for(j=i; j<=n; j+=i)
```

```
        a[j]=1-a[j];/* 这是一个有意思的小技巧，可以考虑一下变化
过程 */
    for(int i=1;i<=n;i++)
      if(a[i])
        cout<<i<<" ";
    return 0;
  }
```

【知识拓展】

在很多情况下，模拟算法不仅仅是一种解决问题的方法，还是寻求更优算法的途径。比如将这道题目延展，可以看到在结束之后剩余的灯的编号一定与该数的平方数有关，那么平方数的约数个数是奇数。所以，平方数就是这道题目的结果，程序就可以修改为：

```
#include <iostream>
#include <cmath>

using namespace std;

int main(int argc, char** argv)
{
  int n, i;
  cin>>n;
  for (i=1; i<=sqrt(n*1.0); i++)
  {
    cout<<i*i<<endl;
  }
  return 0;
}
```

这样程序的执行效率得到了大大提升。这样的例子还很多，比如说，一般

求解星期几的任务都需要已知一个日期，可以用泰勒公式直接计算结果。验证公式最简单的手段就是使用模拟的方式，在一定的范围内给予证明。历史上著名的四色定理的证明就是通过计算机进行实际应用层面的证明。

六、模型迁移

1. 校门外的树 [1]

【题目描述】

马路的长度为 L，其边上有一排树，每两棵相邻的树之间的间隔都是 1 米。我们可以把马路看成一个数轴，马路的一端在数轴 0 的位置，另一端在数轴 L 的位置；数轴上的每个整数点，即 0，1，2，…，L 都种有一棵树。

马路边上有一些区域要用来建地铁。这些区域用它们在数轴上的起始点和终止点表示。已知任一区域的起始点和终止点的坐标都是整数，区域之间可能有重合的部分。现在要把这些区域中的树（包括区域端点处的两棵树）移走。你的任务是计算将这些树都移走后，还有多少棵树。

【输入格式】

第一行有两个整数 L（$1 \leqslant L \leqslant 10\ 000$）和 M（$1 \leqslant M \leqslant 100$），$L$ 代表马路的长度，M 代表区域的数目，L 和 M 之间用一个空格隔开。接下来的 M 行，每行包含两个不同的整数，用一个空格隔开，表示一个区域的起始点和终止点的坐标。

对于 20% 的数据，区域之间没有重合的部分；对于其他数据，区域之间有重合的部分。

【输出格式】

输出一个整数，表示剩余的树的数目。

【输入样例】

500 3

150 300

---

[1] 见哈工科教云平台第 109924 号案例。

100 200

470 471

【输出样例】

298

2. 掷骰子出现次数最多的数 [①]

【题目描述】

博弈问题往往可以映射出很多现实生活问题，只是在博弈中将这些问题数字化、抽象化了。研究博弈问题，对很多问题的解决有非常多的启示，比如掷骰子问题。

假定给定了 3 个骰子，每个骰子都有不同的面数（S_i）。在这些面上会写好 1 到面数个数值（$1 \sim S_i$）。在给定这 3 个骰子的面数后，掷骰子时，每次都会选定一个骰子的一个面，将 3 个骰子的选定面数字做和，能否统计出 3 个数值之和出现次数最多的数字是多少？

【输入格式】

输入 3 个正整数 S_1、S_2、S_3，两数中间用一个空格隔开。

【输出格式】

输出出现次数最多的和。如果有多个数值出现次数一样，则从小到大输出所有的数值，每个数值占一行。

【输入样例】

3 2 3

【输出样例】

5

6

---

3. 买铅笔问题 [①]

【题目描述】

P 老师去商店买 n 支铅笔作为小朋友们参加 NOIP 的礼物。她发现商店一共有 3 种包装的铅笔，不同包装内的铅笔数量有可能不同，价格也有可能不同。为了公平起见，P 老师决定只买同一种包装的铅笔。商店不允许将铅笔的包装拆开，因此 P 老师可能需要购买超过 n 支铅笔才够给小朋友们发礼物。现在 P 老师想知道，在商店每种包装的数量都足够的情况下，要买够至少 n 支铅笔最少需要花费多少钱。

【输入格式】

第一行包含一个正整数，表示需要的铅笔数量。

接下来 3 行，每行用两个正整数描述一种包装的铅笔，其中第一个正整数表示这种包装内铅笔的数量，第二个正整数表示这种包装的价格。保证所有的 7 个数都是不超过 10 000 的正整数。

【输出格式】

输出一个正整数，表示 P 老师最少需要花费的钱数。

【输入样例】

57

2 2

50 30

30 27

【输出样例】

54

【学习建议】

数组和模拟算法是数据结构和算法的两个非常重要的基础，也是信息学

---

① 见哈工科教云平台第 104463 号案例。

奥赛每年必考的内容。学生可以结合书中案例以及相关网站上的习题进行大量的练习和深入的理解。对于模拟题目，可以先在草稿纸上列出实现的步骤和方法，再用程序实现。

第二节 链式模拟——编号的转换艺术

【教学提示】

教师可通过比较链表和数组的结构特征，找出异同点，让学生对此建立清晰的概念；然后结合书中的案例，分别用数组和链表实现该模拟算法，比较两者之间的优缺点，进而让学生掌握如何选择数组和链表。

一、典型案例

谁是游戏幸运者 [1]

一群小朋友围成一圈，每位小朋友的编号按顺时针为 1，2，3，…，N。从 1 号小朋友开始报数，报数方向为顺时针，每次报到 3 的小朋友可以去享用老师准备的零食，当然他也不用再参与报数游戏了。接着由下一位小朋友重新从 1 开始报数，按照这样的规则重复进行，最终会剩下一位小朋友，这位小朋友可以得到老师的新年祝福。那么这位得到新年祝福的小朋友的编号是多少呢？

将上述文字描述转换成程序问题：N 个人编号为 1，2，…，N，依次报数，每报到 M 时，删掉那个报数的人，求最后剩下的人的编号。

二、案例结构分析

将 N 个人编号问题，简化为以 5 个人为例围成一圈，按照规则模拟走一遍过程。

例如，1、2、3、4、5 这 5 个人围成一个圆圈，用数字编号表示每个人。1、

---

[1] 见哈工科教云平台第 188958 号案例。

2、3、4、5 表示 5 个人，每报到 3 的人被删掉，依据规则顺时针进行操作，则删掉的前 4 个数字依次是 3、1、5、2，因此，最后剩下的数字是 4。模拟过程如图 2.4 所示。

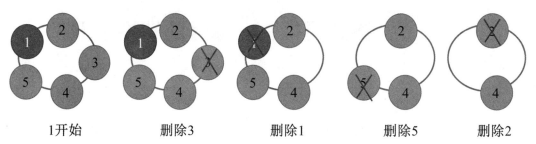

图 2.4　模拟过程

第一轮：刚开始时第一个人的编号是 1，从他开始报数，第一轮被删掉的是编号为 3 的人。

第二轮：编号为 4 的人开始重新报数，这时候我们可以认为编号为 4 的这个人是队伍的头。第二轮被删掉的是编号为 1 的人。

第三轮：编号为 2 的人开始重新报数，这时候我们可以认为编号为 2 的这个人是队伍的头。第三轮被删掉的是编号为 5 的人。

第四轮：编号为 2 的人开始重新报数，这时候我们可以认为编号为 2 的这个人是队伍的头。这轮被删掉的是编号为 2 的人。最后的胜利者是编号为 4 的人。

三、支撑模型

模拟算法是一种最基本的算法思想，是对程序员编程能力的考查。此类模型的解决方法就是根据题目给出的规则，使用有效的控制结构、存储结构对题目要求的过程进行编程模拟。对此类问题的解决需要具有良好的问题分析、拆分和规划能力。

模拟算法解决问题的方法就是将过程进行描述。对于找最幸运人问题的全过程就是记录出队列的人的编号顺序。这里选择数组作为数据结构，下面用数组的方法介绍模拟找最幸运人问题的整个过程。

这里利用 1 表示当前编号有人，0 表示当前编号没人，模拟每一轮的过程，

s 表示报号顺序, 见表 2.2。

表 2.2　模拟每一轮的过程

编号	1	2	3	4	5
第一轮	1($s=1$)	1($s=2$)	0($s=3$)	1($s=1$)	1($s=2$)
第二轮	0($s=3$)	1	0	1	1
第三轮	0	1($s=1$)	0	1($s=2$)	0($s=3$)
第四轮	0	0($s=1$)($s=3$)	0	1($s=2$)	0

需要注意的是, 当圈中的最后一个人报完数以后, 下一个报数的应该是圈中第一个人, 形成首尾相接的环形。这也是一个计算机科学和数学的问题, 在计算机编程的算法中, 类似问题又称约瑟夫环问题。

据传, 罗马人占领了乔塔帕特后, 约瑟夫和他的朋友, 以及另外 39 个人躲到了一个洞穴里面。这 41 个人宁愿死也不愿被敌人抓到, 故决定了一个自杀顺序: 从第一个人开始报数, 报到第三个人时, 此人将自杀; 接着重新报数, 以此类推, 直到少于 3 个人。

约瑟夫和他的朋友将自己安排在 16 和 31 号位置, 顺利存活了下来。此问题就称为著名的约瑟夫环问题。

将表 2.2 的每行看成一维数组, 数组的元素初值为 1, 数组中的每个元素都对应着相应的索引值, 索引值的变化对应编号的变化见表 2.3。

表 2.3　索引值的变化对应编号的变化

编号	1	2	3	4	5
数组 $f[i]$	$f[0]$	$f[1]$	$f[2]$	$f[3]$	$f[4]$
第一轮	1($s=1$)	1($s=2$)	0($s=3$)	1	1
第二轮	0($s=3$)	1	0	1($s=1$)	1($s=2$)
第三轮	0	1($s=1$)	0	1($s=2$)	0($s=3$)
第四轮	0	0($s=1$)($s=3$)	0	1($s=2$)	0

如何让线性数组实现环形的状态? 当数组越界时, 可以将数组的索引值与

数组长度取模操作，形成环形数组，具体操作见表 2.4。

表 2.4 具体操作

编号	1	2	3	4	5
数组索引值 i	0	1	2	3	4
数组 f	1	1	1	1	1
元素 $f[i]$	$f[0]$	$f[1]$	$f[2]$	$f[3]$	$f[4]$
当 i 大于数组长度	$f[5\%5]$	$f[6\%5]$	$f[7\%5]$	$f[8\%5]$	$f[9\%5]$

四、模型案例

模型案例：玩具谜题[①]

【题目描述】

小南有一套可爱的玩具小人，它们各自有不同的职业。有一天，这些玩具小人把小南的眼镜藏了起来。小南发现玩具小人围成了一个圈，它们有的面朝圈内，有的面朝圈外，如图 2.5 所示。

图 2.5 玩具小人的朝向

这时 singer 告诉小南一道谜题："眼镜藏在我左数第三个玩具小人的右数

---

① 见哈工科教云平台第 107347 号案例。

第一个玩具小人的左数第二个玩具小人那里。"

小南发现，这道谜题中玩具小人的朝向非常关键，因为朝内和朝外的玩具小人的左右方向是相反的：面朝圈内的玩具小人，它的左边是顺时针方向，右边是逆时针方向；而面向圈外的玩具小人，它的左边是逆时针方向，右边是顺时针方向。

小南一边艰难地辨认着玩具小人，一边数着：

singer 朝内，左数第三个是 archer。

archer 朝外，右数第一个是 thinker。

thinker 朝外，左数第二个是 writer。

所以眼镜藏在 writer 这里。

虽然成功找回了眼镜，但小南还有疑虑。如果下次有更多的玩具小人藏他的眼镜，或是谜题的长度更长，他可能就无法找到眼镜了。所以小南希望你写程序帮他解决类似的谜题。这样的谜题具体可以描述为：

有 n 个玩具小人围成一圈，已知它们的职业和朝向。现在第一个玩具小人告诉小南一个包含 m 条指令的谜题，其中第 z 条指令形如"左数 / 右数第 s 个玩具小人"。你需要输出完成最后一个指令后所指向的玩具小人的职业。

【输入格式】

第一行包含两个正整数 n、m，表示玩具小人的个数和指令的条数。

接下来 n 行，每行包含一个整数和一个字符串，以逆时针顺序给出每个玩具小人的朝向和职业。其中 0 表示朝向圈内，1 表示朝向圈外，保证不会出现其他的数字。字符串长度不超过 10 且仅由小写字母构成，字符串不为空，并且字符串两两不同。整数和字符串之间用一个空格隔开。

接下来 m 行，其中第 i 行包含两个整数 a_i、s_i，表示第 i 条指令。若 $a_i = 0$，表示向左数 s_i 个人；若 $a_i = 1$，表示向右数 s_i 个人。保证 a_i 不会出现其他的数，$1 \leqslant s_i \leqslant n$。

【输出格式】

输出一个字符串，表示从第一个读入的小人开始，依次数完 m 条指令后到达的小人的职业。

【输入样例】

7 3

0 singer

0 reader

0 mathematician

1 thinker

1 archer

0 writer

1 magician

0 3

1 1

0 2

【输出样例】

writer

【题目分析及参考代码】

这是一道需要用到结构体的环形问题，因为本案例每个玩具小人既有它的朝向，也有它的名字，所有可以考虑用结构体来储存每个玩具小人的信息。

```
struct people
{
  int chao;
  string name;
}a[100005];
```

又因每个玩具小人的朝向不同，左右不同，所以可以把所有的情况分成 4 种，即朝内向左、朝内向右、朝外向左及朝外向右，分别模拟出在这 4 种情况下对应的结果。不难发现其实朝内向左和朝外向右是一个方向，朝内向右和朝外向左是一个方向。

```cpp
#include <bits/stdc++.h>
using namespace std;
int n,m,x,y;
struct people
{
  int chao;
  string name;
}
a[100005];
int main()
{
  cin>>n>>m;
  for(int i=0;i<n;i++)
  {
    cin>>a[i].chao>>a[i].name;
  }
  int ren=0;
  for(int i=1;i<=m;i++)
  {
    cin>>x>>y;
    if(a[ren].chao==0&&x==0)// 朝内向左
    {
      ren=(ren+n-y)%n;
    }
    else if(a[ren].chao==0&&x==1)// 朝内向右
    {
      ren=(ren+y)%n;
    }
  }
```

```
    else if(a[ren].chao==1&&x==0)// 朝外向左
    {
      ren=(ren+y)%n;
    }
    else if(a[ren].chao==1&&x==1)// 朝外向右
    {
      ren=(ren+n-y)%n;
    }
  }
  cout<<a[ren].name<<endl;
  return 0;
}
```

五、典型案例参考代码

数组：将所有元素初始化为 1，1 代表开始时所有人都处于未出局的状态，一旦某个人出局，将其对应的数组元素的值设为 0，代表他不再报数。

N：代表 N 个人。

M：从 1 开始，报到 M 这个数的人出局。

c：出局的人数。

i：既代表数组的下标，也代表每个人的编号。

s：用来计数，从 0 开始，一旦 s 的值达到 M，代表当前这个人需要出局，并且 s 的值需要重新置为 0，这样才能找到所有需要出局的人。

```
#include <bits/stdc++.h>
using namespace std;

int main()
{
  bool f[105];    /* 定义一个布尔数，用来保存每个人的状态，0 表
```

示出圈，1 表示在列 */

```cpp
    int n, m;      // 共 n 个人，数到 m 出圈
    int i, s, c;  /*i 为数组下标，c 为已经出圈的人数，s 为数到第
几个人 */
    cin>>n>>m;
    s=c=i=0;
    memset(f, 1, sizeof(f)); /*初始化数组初值为 1 ，1 表示有人，
0 表示没人 */
    while (c<n)   /* 当出圈人数小于总人数时，循环继续 */
    {
      s+=f[i]; /*s 为当前的计数器。如果已经出圈，即 f[i]=0, 则 s
不变 */
      if (s==m) // 数到目标数 m
      {
        c++;  // 出圈人数加 1
        f[i]=0; // 该位置人出圈，赋值为 0
        s=0; // 重新开始计数
        cout<<i+1<<" ";  // 打印该出圈人的编号
      }
      i++; // 数组的下一个位置
      i%=n; // 防止数组下标超出范围，取模回到正常位置
    }
    return 0;
  }
```

六、模型迁移

1. 寻宝 [NOIP2012 普及组]①

【题目描述】

传说很遥远的藏宝楼顶层藏着诱人的宝藏。小明历尽千辛万苦终于找到传说中的这个藏宝楼，藏宝楼的门口竖着一块木板，上面写有几个大字：寻宝说明书。说明书的内容如下：藏宝楼共有 $N + 1$ 层，最上面一层是顶层，顶层有一个房间里面藏着宝藏。除了顶层外，藏宝楼另有 N 层，每层 M 个房间，这 M 个房间围成一圈并按逆时针方向依次编号为 $0, \cdots, M - 10, \cdots, M - 1$。其中一些房间有通往上一层的楼梯，每层楼的楼梯设计可能不同。每个房间里有一个指示牌，指示牌上有一个数字 x，表示从这个房间开始按逆时针方向选择第 x 个有楼梯的房间（假定该房间的编号为 k），从该房间上楼，上楼后到达上一层的 k 号房间。比如当前房间的指示牌上写着 2，则按逆时针方向开始，找到第二个有楼梯的房间，从该房间上楼。如果当前房间本身就有楼梯通向上一层，则该房间作为第一个有楼梯的房间。

寻宝说明书的最后用红色大号字体写着："寻宝须知：打开顶层的宝藏需要密码，密码为小明每层进入的第一个房间内的指示牌上的数字之和。"

请帮助小明算出打开宝箱的密钥。

【输入格式】

第一行为两个整数 N 和 M，它们之间用一个空格隔开。N 表示除了顶层外藏宝楼共 N 层楼，M 表示除顶层外每层楼有 M 个房间。

接下来 $N \times M$ 行，每行有两个整数，它们之间用一个空格隔开。每行描述一个房间内的情况，其中第 $(i - 1) \times M + j$ 行表示第 i 层 $j - 1$ 号房间的情况（$i = 1, 2, \cdots, N; j = 1, 2, \cdots, M$）。第一个整数表示该房间是否有楼梯通往上一层（0 表示没有，1 表示有），第二个整数表示指示牌上的数字。注意：从 j 号房间的楼梯爬到上一层，到达的房间一定也是 j 号房间。

最后一行为一个整数，表示小明从藏宝楼底层的第几号房间进入开始寻宝（注：房间编号从 0 开始）。

---

① 见哈工科教云平台第 180719 号案例。

【输出格式】

输出一个整数，表示打开宝箱的密钥，这个数可能会很大，输出对 20123 取模的结果即可。

【输入样例】

2 3

1 2

0 3

1 4

0 1

1 5

1 2

1

【输出样例】

5

【数据范围】

对于 50% 的数据，有 $0 < N \leq 1\,000$，$0 < x \leq 10\,000$。

对 于 100% 的 数 据，有 $0 < N \leq 10\,000$，$0 < M \leq 100$，$0 < x \leq 1\,000\,000$。

2. 三天打鱼两天晒网 [①]

【题目描述】

中国有句俗语："三天打鱼两天晒网。"某渔村从 1990 年 1 月 1 日起开始先三天打鱼后两天晒网，问该渔村在以后的某一天是"打鱼"还是"晒网"。要求输入某一日期，输出这一天离开始日共计多少天（开始日为 1），这一天是打鱼（net fish）还是晒网（dry fishnets）。

---

① 见哈工科教云平台第 180720 号案例。

【输入格式】

输入 3 个正整数 y、m、d，用空格隔开，y 代表年，大于 1 990；m 代表月，$1 \leqslant m \leqslant 12$；$d$ 代表天数。

【输出格式】

第一行为这一天离开始日共计多少天。

第二行为这一天是打鱼还是晒网。

【输入样例】

2012 6 5

【输出样例】

8192

net fish

【题目提示】

（1）计算从 1990 年 1 月 1 日至指定日期共多少天。其思路：所隔年份天数加上所隔月份天数，加上日的天数，要分平年和闰年，闰年二月有 29 天，平年二月有 28 天。闰年的判断用伪代码描述如下：若能被 4 除尽且不能被 100 除尽或能被 400 除尽，为闰年，否则为平年。

（2）打鱼、晒网周期为 5 天，将总天数除以用 5，若余数为 1、2、3，这一天打鱼，否则这一天晒网。

【参考代码】

```cpp
#include<bits/stdc++.h>
using namespace std;
int main(){
    int y,m,d,s=0;//y, m, d 为年, 月, 日, s 为累计天数
    int month[13]={0,31,28,31,30,31,30,31,31,30,31,30,31};
    cin>>y>>m>>d;
```

```
    for(int year=1990;year<y;year++)/* 计算经过了多少个完整
的年 */
    {
        if(year%4==0&&year%100!=0||year%400==0)
        {
            s+=366;// 如果是闰年
        }
        else
        {
            s+=365;// 如果是平年
        }
    }
    for(int i=1;i<m;i++)
    {
        s+=month[i];// 计算经过了多少个完整的月
    }
    if(year%4==0&&year%100!=0||year%400==0&&m>2)
    {
        s+=1;// 如果是闰年，月份在 2 月以后需要加一天
    }
    s+=d;// 加上剩余的天数
    if(s%5>3)// 接下来通过求余数的方法判断打鱼还是晒网
    {
        cout<<s<<endl<<"dry fishnets";
    }
    else
    {
        cout<<s<<endl<<"net fish";
    }
```

```
        return 0;
    }
```

3. 猴子选大王 [①]

【题目描述】

有 m（范围为 1 000 以内）只猴子围成一圈，每只猴子有一个编号，编号从 1 到 m，打算从中选出一个大王。经过协商，决定选大王的规则如下：从第一只猴子开始，每隔 n（任意正整数）个，数到的猴子出圈，最后剩下来的就是大王。要求输入 m、n（均为正整数），试编程计算编号为多少的猴子将成为大王。

要求：

（1）变量 m 表示猴子的个数；变量 n 表示出圈基数。

（2）规则：每次从 1 数到 n，当前为 n 的猴子出圈，若有 3 只猴子，n 为 2，猴子编号为 1、2、3，出圈猴子的序号为 2、1，猴子大王的序号为 3。

【输入格式】

输入两个正整数 m 和 n。

【输出格式】

输出猴子大王的编号。

【输入样例】

3 2

【输出样例】

king：3

参考代码：

```
#include<bits/stdc++.h>
```

[①] 见哈工科教云平台第 104018 号案例。

```cpp
using namespace std;
int main()
{
    /* 从第一只猴子开始，每隔 n（任意正整数）个，数到的猴子出圈，
最后剩下来的猴子就是大王 */
    bool a[101]={ 0 };// 猴子状态，0 为保留，1 为出圈
    int n, m, f=0, t=0, s=0;
    cin>>m>>n;
    do
    {
        ++t;// 逐个枚举圈中的所有位置
        if (t>m)
            t=1;// 数组模拟环状，最后一个与第一个相连
        if (!a[t])
            s++;// 第 t 个位置上有人则报数
        if (s==n)// 当前报的数是 n
        {
            s=0;// 计数器清零
            //cout<<t<<' ';// 输出出圈猴子的编号
            a[t]=1;// 此处猴子已出圈，设置为 1
            f++;// 出圈猴子数 +1
        }
    } while (f!=m);// 直到所有猴子都被出圈为止
    cout<<"king:";
    cout<<t<<endl;
}
```

【学习建议】

　　对数组、链表以及它们在模拟算法中的应用这些内容，学生一定要理解透彻，进而才能熟练应用。完成一个题目后，不要着急编写下一个题目的代码，应对刚完成的题目进行复盘，思考数组或链表这些数据结构及模拟算法是如何在题目中应用的，能否进一步改进，这样才能更快地提高代码的编写能力，加深对知识的理解。

第三章 高精度算法
——数据的精准存储

日常生活中我们会经常使用数字来描述物体的大小与多少，比如一本书的页数是 132 页、一个人的身高是 1.78 米等。大部分场景下，这些数字不需要特别精准，例如一位学生计划今天跑步 1 000 米，那么他不会关心他到底是跑了 998 米还是 1 003 米，只要在 1 000 米左右，他就会认为自己完成了运动计划。但是在某些特定场景下，数字的使用必须十分精确，例如在航空航天领域，计算宇宙探测器圆周周长时，圆周率 π 会取到小数点第 15 位，少一位小数就会产生较大误差。C＋＋语言的数据类型能够存储不同范围的数据，但超过其能存储的范围怎么办？例如超过了 long long 的整数，如何存储？如何计算？

本章将学习计算机是如何精准存储庞大、精确的数据的，以及这些数据之间是如何进行加、减、乘、阶乘等运算的。

第一节 大整数间的加减乘——数据的
每一位都很重要

【教学提示】

C＋＋语言在处理大数时，很容易出现溢出错误，教师应向学生演示出错的过程，学生印象会更加深刻。首先介绍较简单的高精度计算方法，如高精度加法和高精度减法，然后再逐步引入更复杂的算法，如高精度乘法和高精度除法。这种渐进式的教学方法有助于学生逐步建立对高精度算法的理解。学生应理解高精度算法使用的场景。最终通过学习，学生应深刻认识到高精度算法是当主编程语言默认数据类型无法精确表示所需存储或处理数据时的最终解决方案。

一、典型案例

地球与火星的质量 [1]

根据万有引力，地球的质量约为 5.965×10^{24} 千克，而火星作为目前太阳系中被很多科学家认为是最适合人类居住的行星，它的质量约为 $6.421\ 9 \times 10^{23}$ 千克。当我们以千克为单位去计算地球与火星的质量之和（图 3.1），得到的结果却很奇怪，为 -543 686 656（图 3.2），这是怎么回事呢?

```
# include<iostream>
using namespace std;
int main ( )
{
    int earth=5965000000000000000000000;        //地球质量
    int mars=6421900000000000000000000;         //火星质量
    int sum=earth+mars;                          //地球与火星质量之和
    cout<<sum<<endl;                             //输出地球与火星质量之和
    return 0;
}
```

图 3.1　计算地球与火星质量之和

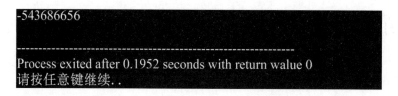

```
-543686656

----------------------------------------
Process exited after 0.1952 seconds with return walue 0
请按任意键继续..
```

图 3.2　地球与火星质量之和的输出结果

二、案例结构分析

C++语言中的 int 整型是使用 4 个字节来表示的，int 类型能够表示的最大数限制为 2 147 483 647。地球的质量 earth 变量和火星的质量 mars 变量均定义为 int 类型，而 5 965 000 000 000 000 000 000 000 和

---

[1]　见哈工科教云平台第 188959 号案例。

642 190 000 000 000 000 000 000 显然要大于 2 147 483 647，此时 earth 变量和 Mars 变量就会发生内存"溢出"错误，所以最后的计算结果就会出错。即使使用 long long int 来存储，long long int 在计算机中使用 8 个字节来存储，其能够表示的最大数限制为 9 223 372 036 854 775 807，也无法正常存储和表示 5 965 000 000 000 000 000 000 000 和 642 190 000 000 000 000 000 000。

那么这么大的数据要如何存储和计算呢？

三、支撑模型

高精度算法在处理大整数问题时，使用到了化整为零的思想：字符串可以用来表示和存储一个大整数，涉及加、减、乘等运算时，就把一个完整的大整数的每个数码存储在一个整型数组中，当需要运算时，就按照从低位到高位的顺序依次进行运算，巧妙地解决了运算问题，其思想模型如图 3.3 所示。

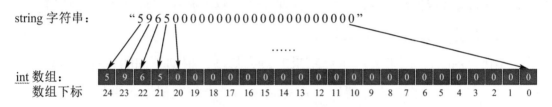

图 3.3 高精度算法中的"化整为零"思想模型

1. 大整数运算步骤

在大整数不同类型的加、减、乘基本运算中，可以是两个大整数的运算，也可以是多个大整数的运算。但是多个大整数的运算可以依次转化为两个大整数的运算，因此我们只需要掌握两个大整数的运算即可。两个大整数的基本运算会按照以下几个步骤进行处理。

（1）数据的输入与存储。

```
string 变量1;        // 用来表示第 1 个大整数
string 变量2;        // 用来表示第 2 个大整数
int  数组1;          // 用来表示分离第 1 个大整数的每个数位
int  数组2;          // 用来表示分离第 2 个大整数的每个数位
int  数组3;          // 用来表示 2 个大整数运算后的结果
```

读入变量 1;   // 输入第 1 个大整数

读入变量 2;   // 输入第 2 个大整数

for 循环 1:（0→变量 1 的长度 -1）

将变量 1 中的每个数位逆序存储至数组 1 中，进行数字分离;

for 循环 2:（0→变量 2 的长度 -1）

将变量 2 中的每个数位逆序存储至数组 2 中，进行数字分离;

注意：两个字符串表示的大整数进行数字分离时要逆序存储至整型数组中。这是因为读入大整数时，大整数的高位存于字符串的最左侧下标为 0 的位置；而在进行基本运算时通常会从低位开始。因此在进行数字分离时逆序，将大整数的低位存储在整形数组的最左侧下标为 0 的位置，这样更方便计算。例如字符串数字 "321"，字符 3、2、1 分别存储在字符串下标为 0、1、2 的位置，但是进行数字分离时，字符 3、2、1 分别存储在整型数组下标为 2、1、0 的位置。

（2）确定运算结果的最大长度。

int 变量 3：用来表示运算结果的最大长度，根据不同的运算规则得出

两个大整数进行基本运算时，运算结果的最大位数根据运算规则而决定。

如果是加法运算，运算结果的最大长度为两个大整数变量中更长的长度加 1。

如果是减法运算，运算结果的最大长度为两个大整数变量中更长的长度。

如果是乘法运算，运算结果的最大长度为两个大整数变量长度的和。

（3）数位依次运算，进位或借位处理。

for 循环 3:（从最低位→最高位）

将数组 1 与数组 2 逐位按规则进行运算，结果保存至数组 3 中

int 变量 4=0; // 用来表示当前位是否有进位或借位，初值为 0

for 循环 4:（从最低位→最高位）

更新数组 3 当前位的值为当前位的值加上一位的进位或借位变量 4

重新计算变量 4，为计算下一更高位做准备

处理进位或借位后当前位的结果，保证其满足十进制数的要求

在由低位至高位进行运算时，可以先不进行进位或借位处理，全部运算完

成后再统一进行处理。其中进位或借位的值是由当前数位的前一位计算得来的，所以在计算完当前数位后，要更新进位或借位变量 4 的值，为下一次更高位的计算做准备。

（4）从高位向低位查找第一个不为 0 的位置。

```
int 变量 4= 变量 3;     // 变量 4 表示当前找到不为 0 的最高位
for 循环 5：
找到最高位
退出循环；
```

有可能会重复使用运算结果的最大长度变量 3，所以使用变量 4 复制一份变量 3 的值。由于有可能出现最高位为 0 的情况，所以需要找到从最高位到最低位第一个不为 0 的位置，从这个位置开始输出或存储结果。

（5）输出或存储运算结果。

```
for 循环 6：（最高位→最低位）
从高位向低位依次输出或存储
```

我们平时读数字习惯从高位向低位读，所以变量 4 指向由高位至低位第一个不为 0 的位置后，只需要从当前位置一直到最低位依次把每个数位输出或存储即可。

四、模型案例

模型案例一：a+b 问题 [①]

【题目描述】

高精度加法，相当于 $a + b$ 问题，不用考虑负数。

【输入格式】

分两行输入，每个数字不超过 1 000 位。

---

① 见哈工科教云平台第 100645 号案例。

【输出格式】

输出 $a+b$ 的值。

【输入样例】

99999999

999999999

【输出样例】

1099999998

【题目分析及参考代码】

```cpp
#include <bits/stdc++.h>
using namespace std;

int main()
{
  string s1;      // 第一个大整数
  string s2;      // 第二个大整数
  int num1[1000]={0}; // 存储分离数字，不超过 1000 位
  int num2[1000]={0}; // 存储分离数字，不超过 1000 位
  int num3[1000]={0}; // 存储计算结果，不超过 1000 位
  cin>>s1;    // 输入第一个大整数
  cin>>s2;    // 输入第二个大整数
  for(int i=0;i<s1.size();i++)
    num1[i]=s1[s1.size()-i-1]-'0';  // 逆序分离数字
  for(int i=0;i<s2.size();i++)
    num2[i]=s2[s2.size()-i-1]-'0';  // 逆序分离数字
  int maxs=max(s1.size(),s2.size())+1;
  //maxs 为两个大整数变量中最长的长度 +1;
```

```
for(int i=0;i<maxs;i++)
  num3[i]=num1[i]+num2[i];   // 按位相加
int temp=0;    // 用来表示当前位是否有进位，个位无进位为 0
for(int i=0;i<maxs;i++){
  num3[i]=num3[i]+temp;   // 当前位的值加上上一位的进位
  temp=num3[i]/10;          // 为计算下一更高位做准备
  num3[i]=num3[i]%10;       // 保留进位之后的结果
}
int k=maxs;
for(k;k>=0;k--)
  if(num3[k]!=0)       // 找到第一个不为 0 的位置
    break;
for(k;k>=0;k--)
  cout<<num3[k];       // 从高位向低位依次输出
return 0;
}
```

模型案例二：*a–b* 问题 [①]

【题目描述】

输入 a 和 b 两个数字，输出 $a-b$ 的值，保证 $a \geqslant b$。

【输入格式】

共两行，每行一个数字，每个数字不超过 1 000 位。

【输出格式】

输出 $a-b$ 的值。

---

① 　见哈工科教云平台第 115086 号案例。

【输入样例】

111111

11111

【输出样例】

100000999999999

【题目分析及参考代码】

```cpp
#include <bits/stdc++.h>
using namespace std;

int main(){
    string s1;      // 第一个大整数
    string s2;      // 第二个大整数
    int num1[1000]={0}; // 存储分离数字，不超过 1000 位
    int num2[1000]={0}; // 存储分离数字，不超过 1000 位
    int num3[1000]={0}; // 存储计算结果，不超过 1000 位
    cin>>s1>>s2;    // 输入第一个大整数和第二个大整数
    for(int i=0;i<s1.size();i++)
        num1[i]=s1[s1.size()-i-1]-'0'; // 逆序分离数字
    for(int i=0;i<s2.size();i++)
        num2[i]=s2[s2.size()-i-1]-'0'; // 逆序分离数字
    int maxs=max(s1.size(),s2.size());
    //maxs 为两个大整数变量中最长的长度；
    for(int i=0;i<maxs;i++)
        num3[i]=num1[i]-num2[i]; // 按位相减
    int temp=0;     // 用来表示当前位是否有借位，初值为 0
    for(int i=0;i<maxs;i++){
        num3[i]=num3[i]+temp; // 当前位的值加上上一位的进位
```

```
    if(num3[i]<0){
      num3[i]=num3[i]+10;
      temp=-1;   // 如果当前位小于 0，需要向高位借位 1
    }
    else  temp=0;    // 如果当前位小于 0，则无须借位
  }
  int k=maxs;
  for(k;k>=0;k--)
    if(num3[k]!=0)    // 找到第一个不为 0 的位置
      break;
  if(k<0)    cout<<0;        // 判断结果为 0 的情况
  for(k;k>=0;k--)
    cout<<num3[k];      // 从高位向低位依次输出
  return 0;
}
```

模型案例三：$a \times b$ 问题 [①]

【题目描述】

输入两个数字 a 和 b，输出 $a \times b$ 的值。

【输入格式】

共两行，每行一个整数，每个数字不超过 2 000 位。

【输出格式】

输出一个整数，表示乘积。

---

① 见哈工科教云平台第 100355 号案例。

【输入样例】

1

2

【输出样例】

2

【题目分析及参考代码】

```cpp
#include <bits/stdc++.h>
using namespace std;


string s1,s2;      // 第一个大整数和第二个大整数
int num1[2000],num2[2000]; // 存储分离数字，不超过 2000 位
int num3[2000]; // 存储计算结果，不超过 2000 位
int main(){
  cin>>s1>>s2;   // 输入第一个大整数和第二个大整数
  for(int i=0;i<s1.size();i++)
    num1[i]=s1[s1.size()-i-1]-'0'; // 逆序分离数字
  for(int i=0;i<s2.size();i++)
    num2[i]=s2[s2.size()-i-1]-'0'; // 逆序分离数字
  int maxs=s1.size()+s2.size();      /*maxs 为两个大整数变量
长度的和 */
  for(int i=0;i<s1.size();i++)
    for(int j=0;j<s2.size();j++)
      num3[i+j]+=num1[i]*num2[j];  // 按位相乘
  int temp=0;    // 用来表示当前位是否有进位，初值为 0
  for(int i=0;i<maxs;i++){
    num3[i]=num3[i]+temp; // 当前位的值加上上一位的进位
    temp=num3[i]/10;      // 为计算下一更高位做准备
```

```
        num3[i]=num3[i]%10;       // 保留进位之后的结果
    }
    int k=maxs;
    for(k;k>=0;k--)
      if(num3[k]!=0)    break;    // 找到第一个不为 0 的位置
    for(k;k>=0;k--)
      cout<<num3[k];              // 从高位向低位依次输出
    return 0;
}
```

五、典型案例参考代码

火星质量的数量级为 10^{23}，地球质量的数量级为 10^{24}，而字符串能够表示的最大长度远远大于 24 位，如图 3.4 所示。它的长度能够达到上万位，可以覆盖现实生活中使用到的任何数据的数位长度，所以用来存储 20 多位的大整数绰绰有余。

```
string earth = "5965000000000000000000000;                           //地球质量
string mars = "6421900000000000000000000;                            //火星质量
```

图 3.4　用字符串表示地球质量与火星质量

很明显，典型案例中两个星球的质量之和的计算就是典型的高精度加法计算，所以，使用高精度加法的模型，就可以轻松地解决问题。但是在描述的过程中，要尽量明确变量的含义。

（1）数据的输入与存储。

注意：s1、s2 中的每个数字均为 char 字符类型，而 num1、num2 为 int 整型，所以在分离数字存储时，要减去相对字符 '0' 的 ASCII 码值，转换为整数。

（2）确定运算结果的最大长度。

```
int maxs=max(s1.size(),s2.size())+1;
//maxs 为两个大整数变量中更长的长度 +1
```

两个整数相加，运算结果至多高位相加进位 1，所以最大长度应当为两个

整数中位数更长的长度再加一个 1。例如：999 + 99 = 1 098，1 098 的长度 4
为 999 的长度 3 再加 1。

（3）数位依次相加，进位处理。

```
for(int i=0;i<maxs;i++)
    num3[i]=num1[i]+num2[i];   // 按位相加
int temp=0;                    // 用来表示当前位是否有进位，个位无进位为 0
for(int i=0;i<maxs;i++){
    num3[i]=num3[i]+temp;      // 当前位的值加上上一位的进位
    temp=num3[i]/10;           // 为计算下一更高位做准备
    num3[i]=num3[i]%10;        // 保留进位之后的结果
}
```

（4）从高位向低位查找第一个不为 0 的位置。

```
int k=maxs;
for(k;k>=0;k--)
    if(num3[k]!=0)             // 找到第一个不为 0 的位置
        break;
```

（5）输出地球质量与火星质量之和。

```
for(k;k>=0;k--)
    cout<<num3[k];            // 从高位向低位依次输出
```

【题目分析及参考代码】

```
#include <bits/stdc++.h>
using namespace std;
int main()
{
    string s1;     // 字符串 s1 表示地球质量
    string s2;     // 字符串 s2 表示火星质量
    int num1[1000]={0};  // 存储地球质量分离数字，不超过 1000 位
```

```cpp
    int num2[1000]={0};  // 存储火星质量分离数字，不超过 1000 位
    int num3[1000]={0};  /* 存储地球与火星质量之和，不超过 1000
位 */

    cin>>s1;   // 输入地球质量
    cin>>s2;   // 输入火星质量
    for(int i=0;i<s1.size();i++)
      num1[i]=s1[s1.size()-i-1]-'0';  // 逆序分离数字
    for(int i=0;i<s2.size();i++)
      num2[i]=s2[s2.size()-i-1]-'0';  // 逆序分离数字
    //maxs 为两个大整数变量中更长的长度 +1
    int maxs=max(s1.size(),s2.size())+1;
    for(int i=0;i<maxs;i++)
      num3[i]=num1[i]+num2[i];  // 按位相加
    int temp=0;   // 用来表示当前位是否有进位，个位无进位为 0
    for(int i=0;i<maxs;i++){
      num3[i]=num3[i]+temp;  // 当前位的值加上上一位的进位
      temp=num3[i]/10;        // 为计算下一更高位做准备
      num3[i]=num3[i]%10;     // 保留进位之后的结果
    }
    int k=maxs;
    for(k;k>=0;k--)
      if(num3[k]!=0)     // 找到第一个不为 0 的位置
        break;
    for(k;k>=0;k--)
      cout<<num3[k];     // 从高位向低位依次输出
    return 0;
}
```

六、模型迁移

1. 上楼方式有几种 [1]

【题目描述】

楼梯有 N 个台阶，上楼可以一步上一个台阶，也可以一步上两个台阶。编写一个程序，计算上楼梯共有多少种不同的走法。

【输入格式】

输入一个数字，表示楼梯数。

【输出格式】

输出走的方式总数。

【输入样例】

4

【输出样例】

5

【数据范围】

对于 60% 的数据，有 $N \leqslant 50$。

对于 100% 的数据，有 $1 \leqslant N \leqslant 5\,000$。

2. 总统的选票 [2]

【题目描述】

某国大选，共有 n 个人参与竞选总统，现在票数已经统计完毕，请你算出谁能够当上总统。

【输入描述】

---

① 见哈工科教云平台第 104019 号案例。
② 见哈工科教云平台第 100798 号案例。

第一行为一个整数 n，代表竞选总统的人数。

接下来有 n 行，分别为第一个候选人到第 n 个候选人的票数。

【输出描述】

第一行是一个整数 m，为当上总统的人的号数。

第二行是当上总统的人的选票数。

【输入样例】

5

98765

12365

87954

1022356

985678

【输出样例】

4

1022356

【数据范围】

参与竞选总统的人数不超过 20 人，但是每个候选人的得票数可能会很大，会达到 100 位数字。

3. B 进制星球 [1]

【题目描述】

话说有一天，小 Z 乘坐宇宙飞船，飞到一个美丽的星球。因为一些原因，科技在这个美丽的星球上并不很发达，星球上人们普遍采用 B（$2 \leq B \leq 36$）进制计数。星球上的人们用美味的食物招待了小 Z，作为回报，小 Z 希望送一个能够完成 B 进制加法的计算器给他们。 现在小 Z 希望你可以帮助他，编写

---

[1]　见哈工科教云平台第 100648 号案例。

实现 B 进制加法的程序。

【输入描述】

第一行为一个十进制的整数，表示进制 B。

第二、三行每行一个 B 进制数正整数。数字的每一位属于 $\{0，1，2，3，4，5，6，7，8，9，A，B，\cdots\}$，每个数字长度小于等于 2 000 位。

【输出描述】

一个 B 进制数，表示输入的两个数的和。

【输入样例】

4

123

321

【输出样例】

1110

【学习建议】

高精度算法的本质是一种模拟，建议学生先理解模拟算法的基本思想，再学习高精度算法。学生可以在哈工科教云平台上观看学习"NOIP 普及组课程 -L1"模块下的"高精度计算"视频课程，完成视频下方的配套练习题目。

第二节　大整数与整数的运算——兼容并包，提升高精度运算效率

【教学提示】

在使用高精度算法计算时，一定要注意计算的顺序：是从左向右还是从右向左？理论上两者都可以，但是从习惯上来说一般是从左向右。因为使用

字符串来表示高精度数，字符串的起始下标 0 在左侧，所以存储高精度数时一般会逆序存储。高精度数与一般数值进行计算时，也是从左向右进行计算的。另外，应注意计算时的进位和借位问题，保证计算结果长度的准确性，这是非常容易出错的地方。

一、典型案例

阿基米德与麦子[①]

传说古希腊伟大数学家阿基米德与国王下国际象棋，国王输了，国王问阿基米德想要什么奖赏？阿基米德对国王说："我只要在棋盘上第一格放一粒麦子，在第二个格子中放进前一个格子麦子数量的 2 倍，每个格子中麦子的数量都是前一个格子中麦子数量的 2 倍，一直将棋盘每个格子摆满麦子。"国王觉得很容易就可以满足他的要求，于是就同意了。但很快国王就发现，即使将国库所有的粮食都给他，也不够百分之一。根据这个经典的小故事，我们了解到成倍的增长速度是非常快的。

现在我们把问题升级，在围棋棋盘的第一格放一粒麦子，在第二个格子中放进前一个格子麦子数量的一倍，如图 3.5 所示，每个格子中都是前一个格子中麦子数量的 2 倍，一直放到围棋棋盘的最后一格第 324 格，那么第 324 格的麦子到底有多少粒呢？

图 3.5　棋盘放麦子

---

① 见哈工科教云平台第 188960 号案例。

二、案例结构分析

我们粗略估计结果将是一个非常大的数字，需要使用到高精度进行计算。在进行多次乘 2 计算的过程中会产生许多"中间数"，例如要计算 2^{65} 就必须先计算出 $2^{64} = 18\ 446\ 744\ 073\ 709\ 551\ 616$，把这些"中间数"都用高精度数来表示，重复进行与一般整数 2 进行乘法运算时，就可以计算出最后的高精度结果。

三、支撑模型

"天下大势，分久必合，合久必分"出自《三国演义·第一回》，意思是：天下总的发展趋势是分裂的时间长了，到一定时候就会出现统一；统一的时间长了，到一定时候又会出现分裂。高精度数在与一般整数进行运算时，需要先将高精度数每位数字分开表示、分开计算，最后再统一输出，在恰当的时候分开计算，又在恰当的时候合起来输出，巧妙地运用了分与和的思想。

例如在计算 2^{65} 时，需要把 2^{64} 的结果 18 446 744 073 709 551 616 作为中间数，把每一位数字分开存储在数组中，将数组中的每一位数字都乘以 2，然后从低位到高位进行进位处理，得到最后的计算结果，如图 3.6 所示。

"中间数"　　18446744073709551616　　×　　2

将中间数的每一位分开存储在数组中

int 数组：… 1 8 4 4 6 7 4 4 0 7 3 7 0 9 5 5 1 6 1 6 ×2
数组下标 … 19 18 17 16 15 14 13 12 11 10 9 8 7 6 5 4 3 2 1 0

每一位都乘以2

int 数组：… 2 16 8 8 12 14 8 8 0 14 6 14 0 18 10 10 2 12 2 12
数组下标 … 19 18 17 16 15 14 13 12 11 10 9 8 7 6 5 4 3 2 1 0

进位

int 数组：… 3 6 8 9 3 4 8 8 1 4 7 4 1 9 1 0 3 2 3 2
数组下标 … 19 18 17 16 15 14 13 12 11 10 9 8 7 6 5 4 3 2 1 0

结果：　　36893488147419103232

图 3.6　高精度计算 2^{65}

1. 运算步骤

高精度数与一般整数进行运算，常见的有乘法运算和除法运算，按照以下几个步骤进行处理：

（1）使用整型数组表示原始高精度数的每个数位。

> int 数组1;　　// 表示分离或存储高精度数的每个数位

数组1用来分离和存储高精度数的每个数位，通常下标为0的位置存储最低位。

（2）从低位到高位逐位与一般整数进行运算。

> for 循环1：（从最低位→最高位）
>
> 将数组1与一般整数逐位按规则进行运算，结果仍保存在数组1中

所有的计算过程都是在数组1的每个数位上进行的，计算结果仍然存储在数组1中。

（3）从低位到高位按位处理进位或借位。

> int 变量1=0; // 用来表示当前位是否有进位或借位，初值为0
>
> for 循环2：（从最低位→最高位）
>
> 更新数组1当前位的值为当前位的值加上上一位的进位或借位变量1
>
> 重新计算变量1，为计算下一更高位做准备
>
> 处理进位或借位后当前位的结果，保证其满足十进制数要求

数组1中每个位置的运算结果有可能大于10或为负数，为了保证数组1的每个位置能够模拟高精度数的每个数位，需要进行十进制处理。

（4）从高位向低位查找第一个不为0的位置。

> for 循环3：
>
> 找到最高位
>
> 退出循环；

去除先导0。

（5）输出或存储运算结果。

> for 循环6：（最高位→最低位）
>
> 从高位向低位依次输出或存储

2. 应用样例: 2 的 N 次幂

（1）使用整型数组表示原始高精度数的每个数位。

```
int num[1000];          // 模拟高精度数，不超过 1000 位
num[0]=1;               // 高精度数的初值为 1
```

注意：将 num[0] 赋值为 1，相当于把高精度数赋值为 1，乘以 2 之后不影响最终结果。

（2）从低位到高位逐位与一般整数进行运算。

```
for(int j=1;j<=N;j++)
{
  for(int i=0;i<1000;i++)
    num1[i]=num1[i]*2;     // 按位乘以 2
}
```

逐位乘以 2，需要乘 N 次。

（3）从低位到高位按位处理进位。

```
int temp=0;    // 用来表示当前位是否有进位，个位无进位时为 0
  for(int i=0;i<1000;i++){
    num1[i]=num1[i]+temp;     // 当前位的值加上上一位的进位
    temp=num1[i]/10;          // 为计算下一更高位做准备
    num1[i]=num1[i]%10;       // 保留进位之后的结果
  }
}
```

处理进位部分需要放在 N 次循环内部，放在逐位乘以 2 之后，立即执行进位操作，避免出现溢出。

（4）从高位向低位查找第一个不为 0 的位置。

```
for(k;k>=0;k--)
  cout<<num3[k];           // 从高位向低位依次输出
```

num 数组长度最长为 1 000 位，那么下标的最大值为 999，k 从最大下标开始逆序查找。

（5）输出运算结果。

```
int k=999;
for(k;k>=0;k--)
  if(num3[k]!=0)          // 找到第一个不为 0 的位置
    break;
```

3. 一般数值的高精度算法

两个整数进行除法运算有时候会除不尽，会产生很多位小数，但是在C＋＋语言中，float型的有效位数只有7位或8位，就连double类型的有效位数也只有15位或16位，如果想知道两个整数相除小数点后第 n 位的数值，就需要用到高精度算法。

为了准确计算小数点后的数位，我们要思考小数点后的数位是如何产生的：当除数不能恰好整除被除数时，保留余数，余数扩大10倍后，与被除数相除，商数就是小数点后的第1位数，继续保留新的余数，循环往复进行计算，依次产生新的小数点位。分析发现，在计算小数点位时，需要将计算过程中产生的余数循环利用，所以对余数的处理很关键。

在确定小数点精度问题中，需要用到递推思想：以初始（起点）值为基础，用相同的运算规律，逐次重复运算，直至运算结束。起点是除数与被除数进行一次除法运算的余数，运算规律是余数扩大10倍再次与除数相除，商数是小数点后的第1位数，产生新的余数替代原来的余数，以此类推，不断得出小数点后的目标位数，如图3.7所示。

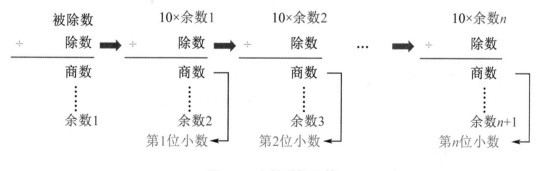

图 3.7 小数递推运算

普通数值的高精度计算的重点在于处理余数，明确余数与被除数的转换关系，逐步迭代，递推出目标小数位。通常按照以下步骤进行处理：

（1）使用整型数组存储和表示小数点后的数位。

> int 数组1;　　　　　　　　　　// 用来存储和表示小数点后的数位

通常数组1下标为0的位置存储十分位。

（2）计算余数。

> int 余数1= 被除数 % 除数

计算出余数1，为后续计算小数位做准备。

（3）从十分位向低位使用余数1循环迭代被除数，递推小数点后的每一位。

> for 循环1：（从十分位→低位）
>
> 　　计算出当前位数值，存储在数组1中
>
> 　　迭代余数1

注意：在计算当前位数值时，要先将余数1乘以10，再除以除数得到的商为当前小数点位的数组，得到的余数去更新余数1的值。

（4）如果结果是有限小数，则需要去掉尾数0。

> for 循环2：
>
> 　　找到从右向左第一个不为0的位置
>
> 　　　退出循环；

（5）输出或存储运算结果。

> for 循环3：（从十分位→低位）
>
> 　从高位向低位依次输出或存储

4. 应用样例：求 A/B 的高精度值

（1）使用整型数组存储表示小数点后的数位。

> int num[1000];// 存储表示小数点后的数位，不超过1000位
>
> int A,B;　　　　//A 表示被除数，B 表示除数

（2）计算余数。

> int Y=A%B;　　　　　　　　　//A 对 B 进行模运算，余数存储至 Y 中
>
> int num[0]=A/B;　　　　　　// 整数部分存储至 num[0] 中

（3）从十分位向低位使用余数1循环迭代被除数，递推小数点后的每一位。

```
for(int i=1;i<=999;i++){
    num[i]=Y*10/B;              /* 计算出当前小数位数值，存储在
num[i] 中 */
    Y=Y*10%B;                   // 更新余数的值
}
```

（4）从高位向低位查找第一个不为 0 的位置。

```
int k=999;
    for(k;k>=1;k--)
        if(num[k]!=0)           // 从右向左找到第一个不为 0 的位置
            break;
```

（5）输出运算结果。

```
for(int i=1;i<=k;i++)
cout<<num[i];                   // 从十分位到第 k 位依次输出
```

四、模型案例

模型案例一：n 的阶乘[①]

【题目描述】

一个正整数的阶乘（factorial）是所有小于及等于该数的正整数的积，并且 0 的阶乘为 1。例如：5 的阶乘为 $5 \times 4 \times 3 \times 2 \times 1 = 120$。

你的任务是：输入正整数 n，输出 n 的阶乘（$n!$）。

【输入格式】

输入一个正整数 n（$0 < n < 100$）。

【输出格式】

输出 $n!$。

---

① 见哈工科教云平台第 180721 号案例。

【输入样例】

5

【输出样例】

120

【题目分析及参考代码】

```cpp
#include <bits/stdc++.h>
using namespace std;
int n;
int num1[500];  // 存储分离数字，不超过500位

int main()
{
  cin>>n;
  num1[0]=1;  //1乘以任何数都为其本身，保证不影响最后的结果
  for(int j=1;j<=n;j++){     // j取值为1~N
    for(int i=0;i<500;i++)
      num1[i]=num1[i]*j;     // 当前位的值乘以j
    int temp=0;       // 用来表示当前位是否有进位，个位无进位为0
    for(int i=0;i<500;i++){
      num1[i]=num1[i]+temp;   // 当前位的值加上上一位的进位
      temp=num1[i]/10;         // 为计算下一更高位做准备
      num1[i]=num1[i]%10;      // 保留进位之后的结果
    }
  }
  int k=499;
  for(k;k>=0;k--)
    if(num1[k]!=0)             // 找到第一个不为0的位置
```

```
        break;
    for(k;k>=0;k--)
      cout<<num1[k];          // 从高位向低位依次输出
    return 0;
  }
```

模型案例二：阶乘之和 [1]

【题目描述】

用高精度计算出 $S = 1! + 2! + 3! + \cdots + n!\,(n \le 50)$。

其中"!"表示阶乘，定义为 $n! = n \times (n-1) \times (n-2) \times \cdots \times 1$。例如，$5! = 5 \times 4 \times 3 \times 2 \times 1 = 120$。

【输入格式】

输入一个整数 n。

【输出格式】

一个正整数 S，表示计算结果。

【输入样例】

6

【输出样例】

873

【题目分析及参考代码】

```
#include <bits/stdc++.h>
using namespace std;
int n;
```

---

[1] 见哈工科教云平台第 110108 号案例。

```cpp
int num1[500];  // 存储 1~n 的阶乘，不超过 500 位
int num2[500];  // 累加 1~n 的阶乘，不超过 500 位

int main()
{
  cin>>n;
  num1[0]=1;   //1 乘以任何数都为其本身，保证不影响最后的结果
  for(int j=1;j<=n;j++){
    int temp=0;
    for(int i=0;i<500;i++){
      num1[i]=num1[i]*j+temp;  /* 当前位的值乘以 j 加上上一位
的进位 */
      temp=num1[i]/10;      // 为计算下一更高位做准备
      num1[i]=num1[i]%10;   // 保留进位之后的结果
    }
    temp=0;    // 用来表示当前位是否有进位，个位无进位为 0
    for(int i=0;i<500;i++){
      num2[i]=num2[i]+num1[i]+temp;  /* 当前位的值加上 j 的阶
乘的值和上一位的进位 */
      temp=num2[i]/10;      // 为计算下一更高位做准备
      num2[i]=num2[i]%10;   // 保留进位之后的结果
    }
  }
  int k=499;
  for(k;k>=0;k--)
    if(num2[k]!=0)           // 找到第一个不为 0 的位置
      break;
  for(k;k>=0;k--)
```

```
        cout<<num2[k];              // 从高位向低位依次输出
    return 0;
}
```

模型案例三：求 A/B 的高精度值 [①]

【题目描述】

计算 A/B 的精确值，设 A、B 是以一般整数输入，计算结果精确到小数后 20 位（若不足 20 位，末尾不用补 0）。

【输入格式】

输入 A、B 的值。

【输出格式】

输出计算结果。

【输入样例】

4 3

【输出样例】

4/3 = 1.33333333333333333333

【题目分析及参考代码】

```cpp
#include <bits/stdc++.h>
using namespace std;
int A,B;                        //A 表示被除数，B 表示除数
int num[1000];                  // 存储表示小数点后的数位，不超过 1000 位


int main()
{
```

---

① 见哈工科教云平台第 110110 号案例。

```
    cin>>A>>B;
    int Y=A%B;  //A 对 B 进行模运算，余数存储至 Y 中
    num[0]=A/B; // 整数部分存储至 num[0] 中
    for(int i=1;i<=999;i++){
      num[i]=Y*10/B;              、 /* 计算出当前小数位数值，存储在
数组 1 中 */
      Y=Y*10%B;                        // 更新余数的值
    }
    int k=20;
    for(k;k>=2;k--)
      if(num[k]!=0)                     /* 从右向左找到第一个不为 0 的
位置 */
        break;
    cout<<A<<"/"<<B<<"="<<num[0]<<".";
    for(int i=1;i<=k;i++)
      cout<<num[i];                    // 从十分位到第 k 位依次输出
    return 0;
  }
```

五、典型案例参考代码

本题的典型案例，即在开始时就将结果视为一个高精度值（数组），在运算过程中逐渐扩充高精度结果的值，最终完成高精度 2 的幂的计算。

```
#include <bits/stdc++.h>
using namespace std;


int N;
int num1[500]; // 存储 " 中间数 " 和结果，不超过 500 位
int main()
{
```

```
    cin>>N;
    num1[0]=1;    /*1乘以任何数都为其本身，保证不影响乘以2之后的
结果 */
    for(int j=1;j<=N;j++){
      for(int i=0;i<500;i++)
        num1[i]=num1[i]*2;      // 当前位的值乘以2
      int temp=0;        // 用来表示当前位是否有进位，个位无进位为0
      for(int i=0;i<500;i++){
        num1[i]=num1[i]+temp;  // 当前位的值加上上一位的进位
        temp=num1[i]/10;       // 为计算下一更高位做准备
        num1[i]=num1[i]%10;    // 保留进位之后的结果
      }
    }
    int k=499;
    for(k;k>=0;k--)
      if(num1[k]!=0)           // 找到第一个不为0的位置
        break;
    for(k;k>=0;k--)
      cout<<num1[k];           // 从高位向低位依次输出
    return 0;
}
```

【知识拓展】

在计算过程中，有一个默认的状态，就是位数不超过500位，这个计算式从哪里来的呢？

在信息学的学习中，这样"边边角角"的知识是非常有意思的。只有注意每个细节，才能真正从素养上提升自己的能力，而非仅仅一个知识点的掌握。

```
#include <bits/stdc++.h>
using namespace std;
```

```
int main()
{
    int n;
    int w;
    cin>>n;
    w=int(n*log10(2))+1;
    cout<<w<<endl;
    return 0;
}
```

你能够从中分析出原理吗？如果不能，则确认 2^{324} 是一个多少位数？

六、模型迁移

1. 最大乘积 [1]

【题目描述】

一个正整数一般可以分为几个互不相同的自然数的和，如 $3 = 1 + 2$，$4 = 1 + 3$，$5 = 1 + 4 = 2 + 3$，$6 = 1 + 5 = 2 + 4$。

现在你的任务是将指定的正整数 n 分解成若干个互不相同的自然数的和，且使这些自然数的乘积最大。

【输入格式】

输入一个正整数 n（ $3 \leqslant n \leqslant 10\,000$ ）。

【输出格式】

第一行是分解方案，相邻的数之间用一个空格分开，并且按由小到大的顺序排列。

第二行是最大的乘积。

---

① 见哈工科教云平台第 180722 号案例。

【输入样例】

10

【输出样例】

2 3 5

30

2. 天使的发言稿[①]

【题目描述】

Tenshi 非常幸运地被选为掌管智慧之匙的天使。在正式任职之前，她必须与其他新当选的天使一样要宣誓。

宣誓仪式上每位天使要各自表述自己的使命，她们的发言稿放在 n 个呈圆形排列的宝盒中。这些宝盒按顺时针方向被编上号码 1，2，$\cdots$，$n-1$，n。

一开始天使们站在编号为 n 的宝盒旁，她们各自手上都有一个数字，代表装她们自己的发言稿的盒子是从 1 号盒子开始按顺时针方向的第几号。例如：有 7 个盒子，如果 Tenshi 手上的数字为 9，那么装她的发言稿的盒子就是 2 号。现在天使们开始按照自己手上的数字来找发言稿，先找到的就可以先发言。

Tenshi 很快就找到了，于是她最先上台宣誓："我将带领大家开启 Noi 之门……" Tenshi 宣誓结束后，其他天使陆续上台宣誓。可是有一位天使找了好久都找不到她的发言稿，原来她手上的数字 m 非常大，她转了好久都找不到她想找的宝盒。

请帮助这位天使找到她想找的宝盒编号。

【输入格式】

第一行为正整数 n。

第二行为正整数 m。

【输出格式】

只有一行（包括换行符），为天使想找的宝盒编号。

---

① 见哈工科教云平台第 101812 号案例。

【输入样例】

11

108

【输出样例】

9

【数据范围】

对于100%的数据，有 $2 \leqslant n \leqslant 10^8$，$2 \leqslant m \leqslant 10^{1\,000}$。

3. 正整数次幂的循环 [1]

【题目描述】

乐乐是一个既聪明又勤奋好学的孩子。他总喜欢探求事物的规律。一天，他突然对数的正整数次幂产生了兴趣。

众所周知，2的正整数次幂最后一位数总是不断地重复2、4、8、6、2、4、8、6……我们说2的正整数次幂最后一位的循环长度是4（实际上4的倍数都可以说是循环长度，但我们只考虑最小的循环长度）。类似地，其余的数字的正整数次幂最后一位数也有类似的循环现象。

这时乐乐的问题就出来了：是不是只有最后一位才有这样的循环呢？对于一个整数 n 的正整数次幂来说，它的后 k 位是否会发生循环？如果发生循环，循环长度是多少呢？

注意：

（1）如果 n 的某个正整数次幂的位数不足 k，那么不足的高位看作是0。

（2）如果循环长度是 L，那么说明对于任意的正整数 a，n 的 a 次幂和 $a+L$ 次幂的最后 k 位都是相同的。

【输入格式】

输入一行，包含两个整数 n（$1 \leqslant n < 10^{100}$）和 k（$1 \leqslant k \leqslant 100$），$n$ 和 k 之间用一个空格隔开。

---

[1] 见哈工科教云平台第109864号案例。

【输出格式】

输出一行，只包含一个整数，表示循环长度。如果循环不存在，则输出 –1。

【输入样例】

32 2

【输出样例】

4

【数据范围】

对于 30% 的数据，有 $k \leq 4$。

对于 100% 的数据，有 $k \leq 100$。

4. 让计算机做除法 [①]

【题目描述】

用笔计算除法你当然会，但如果被除数和除数都特别大，就是一件令人头疼的事了。所以，请你编写一个程序，让计算机来做：请计算 355 除以 113 小数点后第 n 位上的数字是多少？

【输入格式】

输入一个整数 n（$1 \leq n \leq 999\,999$）。

【输出格式】

输出一个小数点后第 n 位上的数字。

【输入样例】

999998

【输出样例】

7

---

① 见哈工科教云平台第 1807230 号案例。

【学习建议】

　　高精度数与一般数值进行运算，更多出现在累加、累乘或数据增长变化很快的问题中。在数据增长变化的过程中，数据需要用到高精度数来存储，所以需要学生对这种类型的问题有一定的敏感度。

第四章 枚举算法
——多种多样的选择

当不记得正确的钥匙时，我们会一个个地去试，找出可以开锁的那把钥匙；看电视时，我们会一个频道一个频道地切换，找到自己心仪的节目；去餐厅点菜时，我们会把菜单的每道菜都看一遍，选择自己喜欢的菜品；网购物品时，我们经常会在搜索结果中一个个地浏览，挑选自己需要的那件……我们通过将每一种情况列举出来，在全部的方案中进行选择，最终寻找到所要的一种或若干种解。

本章将进入到枚举算法的世界，将"依次列举、逐个判断"的思想引入问题解决中，呈现每种可能的情况，实现多种多样的选择。

第一节 暴力枚举——速度创造的奇迹

【教学提示】

枚举是学生较为熟悉的算法，教师在教授时可选择从百钱买百鸡等简单的案例出发，引导学生在实践的过程中体会枚举算法的核心思想。同时，教师通过分析程序的时间复杂度，引导学生思考枚举算法的优化方法，提升枚举算法的效率。

一、典型案例

忘记密码怎么找 [1]

半年前，为了下载图片资源，小明在某网站上注册了账号，并依据要求设

---

[1] 见哈工科教云平台第 188961 号案例。

置了密码，为六位数字。今天小明又想到这个网站上去下载资源，结果由于时间过长，密码后两位记不清了。他现在知道自己的密码的前4位，还记得自己当初设置的密码数字为3的倍数。现在他很想列出一个可能的密码表方便一个一个尝试。这个任务该如何完成呢？

二、案例结构分析

很容易想到，我们只需要简单"粗暴"地将这两位数字的每个可能都尝试一遍，就能找到正确的密码了。

此问题的核心要点在于，密码后两位数字的范围是确定的，均在 0 ~ 9 这10个数字之中，那么只需要对这两个数字依次从 0 尝试到 9，总能找到最终的正确密码。可以看出，两个数字的可能性通过两重循环枚举即可实现。在枚举每种密码情况时，判断是否能够登录账号，如果登录成功，则找到了正确的密码。

三、支撑模型

生活中的很多地方，我们都需要"一一浏览数据、逐个筛选确定"的过程，这就是程序设计中的枚举算法思想。

1. 枚举算法的基本思路

枚举算法是将问题的所有可能情况均列举出来，再逐一对每种情况进行检查，符合要求的就保留，不符合要求的就舍弃，从而确定最终的答案。枚举算法的重点在于不漏不重，既不能遗漏数据集中的某一个可能，又不能对数据进行重复计算、判定，这样才能保证最终结果的准确性。

在使用枚举算法时，通常的思路如下：

（1）确定问题情况是否可以采用枚举算法。

（2）确定枚举的对象及范围。

（3）确定判定条件，对每种情况逐一判定，确定是否是问题的解。

基于以上思路，可以看出枚举算法的基本结构为"循环语句＋条件语句"，通过循环语句可实现枚举每种情况，利用条件语句则可以判定每种情况是否符合解决问题的需要，从而找到最终的一个或多个解，或经过枚举判定符合要求的解不存在。

2. 枚举算法的优缺点

枚举算法利用了计算机速度快的特点，其优点在于思路简单，适用性广，算法的正确性容易证明；但缺点也是较为明显的，当数据量过大、范围较广时，枚举算法由于要逐个列举、判定，其效率不高，需要花费大量时间。例如一个 4 位整数的密码锁，其密码有 10^4 种可能性，虽然我们知道从 0000 枚举到 9999 总能找到正确的那个，但如果尝试一个密码需要 3 秒钟，最高花费时间要达 500 分钟。这就是为什么明知道通过枚举算法能找到正确答案，但密码锁依然能够被广泛使用，因为你找到正确密码所花费的时间实在是太久了。

3. 枚举算法的优化

枚举算法虽然强调逐一列举、判定，但也能够在分析求解问题之后进行相应的优化。例如，请找出 1 ~ 10 000 中的质数，按照之前的想法，显然其枚举范围为 1 ~ 10 000，判定条件为是否是质数。但如果分析题意，其在减少枚举的约数数量、减少重复计算等方面都有着可优化的地方。

（1）减少枚举数量。

在判断一个数字 n 是否是质数时，我们可以从定义出发，检查其是否能被 $[2, n-1]$ 中的数字整除。如果存在能整除的数字，则 n 就不是质数；如果不存在整除的数字，则 n 是质数。那么在枚举因子时，我们通过分析发现，将 n 分解成两个因数相乘，其中一个因数一定小于等于 n。既然只是为了判断 n 是否是质数，又何须找到它所有的因数呢？因此将因子枚举范围改为 $[2, \sqrt{x}]$ 即可。

（2）减少重复计算。

当筛选到 2 是质数时，我们就能对应想到 2 的所有倍数都不是质数，如 4，6，8，10，…，因此我们可以建立一个标记数组，在把质数筛选出来后，将对应的倍数标记为非质数，那么在遇到这些数字时就无须重复检查。这样一来就能省下一定的时间，优化枚举算法。这种质数筛选的算法思想就是前面提到的埃氏筛法。

四、模型案例

模型案例一：韩信如何点士兵 [1]

【题目描述】

韩信是西汉著名的军事家，《三十六计》中的"明修栈道、暗度陈仓""背水一战""声东击西"等计策都与他有关，被后世称为"汉初三杰"之一。相传韩信才智过人，在清点士兵人数的时候，让他们依次以3人、5人、7人一排站好队伍，每次只看一下队伍末尾的人数即可知道总共有多少士兵。你能想出韩信是如何点兵的吗？已知士兵总人数至少有10人且不超过10 000人，若给出3次排队的末尾人数，你能计算出士兵的总人数吗？

【输入格式】

输入3个非负整数，依次为按照3人、5人、7人一排站好队伍后的末尾人数。

【输出格式】

输出一个整数，表示士兵总人数。若有多种可能，输出其中最小的几个即可。

【输入样例】

2 1 6

【输出样例】

41

【题目分析及参考代码】

由题目中的"总人数至少有10人且不超过10 000人"可知，总人数的枚举范围是10～10 000之间的整数。"按照3人、5人、7人一排站好队伍后的末尾人数"，其中末尾人数本质上就是总人数分别除以3、5、7的余数。因此，通过枚举总人数的每种可能性，依次求出除以3、5、7的余数，判断是否与给定的余数相同，即可算出总人数。

---

[1] 见哈工科教云平台第180724号案例。

```cpp
#include<bits/stdc++.h>
using namespace std;
int main(){
  int a,b,c;
  cin>>a>>b>>c;
  for(int i=10;i<=10000;i++){
    if(i%3==a && i%5==b && i%7==c){
      cout<<i;
      break;
    }
  }
  return 0;
}
```

模型案例二：百钱怎样买百鸡[①]

【题目描述】

相传北魏著名数学家张丘建家中以养鸡为生。由于鸡的品种、大小不一，价格也不尽相同，每当邻居来买鸡的时候，张丘建总能快速地说出总价。后来，张丘建在其著作《张丘建算经》提出了这样一个数学问题：

曰："今有鸡翁一值钱五，鸡母一值钱三，鸡雏三值钱一，凡百钱买鸡百只，问鸡翁、母、雏各几何？"

答曰："鸡翁四，值钱二十，鸡母十八，值钱五十四，鸡雏七十八，值钱二十六。"

又答："鸡翁八，值钱四十，鸡母十一，值钱三十三，鸡雏八十一，值钱二十七。"

又答："鸡翁十二，值钱六十，鸡母四，值钱十二，鸡雏八十四，值钱

---

① 见哈工科教云平台第 180725 号案例。

二十八。"

这就是著名的百钱买百鸡问题。按照现代的钱币，设定公鸡 5 元 1 只，母鸡 3 元 1 只，小鸡 1 元 3 只。现在给你 100 元，恰好将其花费完毕后可以购买 100 只鸡，请问有几种买法呢？请注意，在选购鸡时，可选择购买其中的 1 种、2 种或 3 种。

【输入格式】

无。

【输出格式】

输出给出购买的所有方案，每个方案占一行，依次列出公鸡、母鸡、小鸡的购买数量，每两个数字之间用一个空格分隔。

【输入样例】

无

【输出样例】

0 25 75

4 18 78

8 11 81

12 4 84

【题目分析及参考代码】

由题目中的"100 元，恰好将其花费完毕后可以购买 100 只鸡"，可知正确的解需要满足两个条件：总钱数等于 100、总数量等于 100。最终需要求出公鸡、母鸡、小鸡的数量，不妨考虑将其作为 3 个枚举对象。

那么枚举范围呢？每种都需要从 0 开始枚举到 100 吗？显然不用。公鸡 5 元 1 只，100 元最多可以买 20 只；母鸡 3 元 1 只，100 元最多可以买 33 只；而小鸡 1 元 3 只，100 元最多可以买 300 只，但问题规定了鸡的总数量是 100，因此最大枚举到 100 即可。

```cpp
#include<bits/stdc++.h>
using namespace std;

int main(){
    for(int x=0; x<=20; x++) {
        for(int y=0; y<=33; y++) {
            for(int z=0; z<=99; z+=3) {
                if(x+y+z==100&&5*x+3*y+z/3==100&&z%3==0){
                    cout<<x<<" "<<y<<" "<<z<<endl;
                }
            }
        }
    }
    return 0;
}
```

由于本题数据范围较小，采用三重循环的时间复杂度也可接受。那么有没有优化的方法呢？当枚举出 x 和 y 之后，根据 $x+y+z=100$ 是否可以考虑直接求出 z 的表达式呢？如果可以，那么只需要枚举 x 和 y 即可，三重循环就能够优化成两重循环，时间复杂度将会降低。

```cpp
#include<bits/stdc++.h>
using namespace std;

int main(){
    for(int x=0; x<=20; x++){
        for(int y=0; y<=33; y++)  {
            int z=100-x-y;
            if(z%3==0 && 5*x+3*y+z/3==100)  {
                cout<<x<<" "<<y<<" "<<z<<endl;
```

```
            }
        }
    }
    return 0;
}
```

还可以再优化吗？上述优化时我们只用了这个 $x + y + z = 100$ ①关系来求解 z 与 x、y 的关系，若结合 $5x + 3y + z/3 = 100$ ②，能否找到新的数学关系呢？将②×3−①，$15x + 9y + z−(x + y + z) = 0$ 可得出 $y = 25−7/4x$，再利用式①可求出 $z = 3/4x + 75$。利用数学中的换元法，设 $k = 1/4x$，则有 $x = 4k$，$y = 25−7k$，$z = 3k + 75$。

根据购买数量可知，$0 \leqslant 4k \leqslant 20$，$0 \leqslant 25−7k \leqslant 33$，$0 \leqslant 3k + 75 \leqslant 100$，求得 k 的枚举范围为 $0 \sim 3$ 即可（$25 / 7$ 约为 3.57）。经过分析，只需枚举 k，降为一重循环，时间复杂度极大降低。

```cpp
#include<bits/stdc++.h>
using namespace std;

int main(){
    for(int k=0; k<=3; k++){
        int x=4*k;
        int y=25-7*k;
        int z=75+3*k;
        cout<<x<<" "<<y<<" "<<z<<endl;
    }
    return 0;
}
```

模型案例三：花园场地有几种 [1]

（改编自 [NOIP1997 普及组 | 棋盘问题）

【题目描述】

为了美化校园环境，让同学们能够在校园中接触植物、认识自然，红星小学决定在学校的长方形广场处建设一个小花园。为了测量方便，花园的边长必须是整数值，但花园既可以占据广场的一部分也可以将整个广场都覆盖，既可以是正方形的也可以是长方形的。可见，花园场地有许多种方案可以选择。现在已知广场的长和宽（均不超过 100 米），你能编写程序快速找出有几种方案可以选择吗？其中正方形花园有几种？长方形（不含正方形）花园有几种？

【输入格式】

输入长 N（$1 \leq N \leq 100$）和宽 M（$1 \leq M \leq 100$）。

【输出格式】

输出两个整数，表示正方形的个数与长方形的个数，中间用空格分隔。

【输入样例】

2 3

【输出样例】

8 10

【题目分析及参考代码】

这道题目其实就是在一个 $N \times M$ 的棋盘（图4.1）中，输出正方形和长方形（不包括正方形）分别有多少个。

---

[1]　见哈工科教云平台第 180726 号案例。

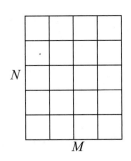

图 4.1 $N \times M$ 的棋盘

如何找出棋盘中包含多少个正方形和长方形（不包括正方形）呢？同学们不妨先举几个简单的样例试试，找一找解决的方法。

例如当 $N = 2$，$M = 3$ 时，棋盘如图 4.2 所示。

图 4.2 $N = 2$，$M = 3$ 时的棋盘

那么，在这个棋盘中有几个长方形、有几个正方形呢？我们一起来数数看吧！长方形和正方形的数量见表 4.1。

表 4.1 长方形和正方形的数量

种类	长	宽	形状图	个数
正方形	1	1		6
长方形	1	2		3
长方形	2	1		4
正方形	2	2		2
长方形	3	1		2
长方形	3	2		1

可以看到，共有 18 种方案，其中长方形有 $3 + 4 + 2 + 1 = 10$ 个，而正方形有 $6 + 2 = 8$ 个。

其实我们在计算样例中已经发现了算法，利用枚举法按照长和宽的不同长度依次计算总共有多少个长方形（含正方形），其中长和宽相等的长方形数量就是正方形数量，剩余数量就是长方形数量。那么枚举内容和枚举范围都是什么呢？我们一起来看一看。

枚举内容：左上角顶点坐标 (x, y) + 长 + 宽

（左上角顶点坐标是为了区分边长相同但位置不同的正方格数）

枚举范围：顶点坐标 $1 \leqslant x \leqslant N$，$1 \leqslant y \leqslant M$。

边长枚举范围与顶点坐标有关，如下图所示，顶点（3，3），长最多为 2，宽最多为 3，即 $1 \leqslant$ 长度 $\leqslant M + 1 - x$，$1 \leqslant y \leqslant N + 1 - y$。

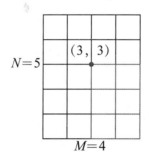

图 4.3　边长枚举范围与顶点坐标的关系

```
#include<bits/stdc++.h>
using namespace std;

int main(){
  int n,m;
  cin>>n>>m;
  int cnt1=0,cnt2=0;
  for(int i=1;i<=n;i++){
    for(int j=1;j<=m;j++){
      for(int w=1;w<=m+1-j;w++){
```

```
        for(int h=1;h<=n+1-i;h++){
            if(w==h) cnt1++;
            else cnt2++;
        }
      }
    }
  }
  cout<<cnt1<<" "<<cnt2;
  return 0;
}
```

五、典型案例参考代码

通过枚举后两位数字即可求出正确的密码。

```
#include<bits/stdc++.h>
using namespace std;

int main(){
  int x; // 密码前 4 位
  cin>>x;
  int cnt=0;
  for(int i=0;i<=9;i++){
    for(int j=0; j<=9;j++){
      if((x*100+i*10+j)%3==0) // 验证数字是否能被 3 整除
        cout<<" 密码后两位可能为: "<<i<<j<<endl;
        cnt++;
      }
    }
  cout<<" 共 "<<cnt<<" 种 ";
```

```
    return 0;
}
```

六、模型迁移

1. 三连击 [①]

【题目描述】

将 1，2，…，9 共 9 个数分成 3 组，分别组成 3 个三位数，且使这 3 个三位数构成 1∶2∶3 的比例，试求出所有满足条件的 3 个三位数。

【输入格式】

无。

【输出格式】

输出若干行，每行 3 个数字。按照每行第一个数字升序排列。

比如：273 546 819。

2. 涂色 [②]

【题目描述】

红星小学一年级 1 班在美术课上开展涂色小游戏，同学们需要在 $N \times M$ 个棋盘上对每个小方格进行涂色，涂色后的图形符合如下规则：

（1）从最上方若干行（至少一行）的格子全部是白色的。

（2）接下来若干行（至少一行）的格子全部是蓝色的。

（3）剩下的行（至少一行）全部是红色的。

现有一个棋盘状的布，分成了 N 行 M 列的格子，每个格子是白色、蓝色、红色之一。小明现在想把这块布涂成符合要求的图案，他采用的方法是在一些格子上涂颜料，盖住之前的颜色，并且他希望涂最少的格子。

---

① 见哈工科教云平台第 104306 号案例。
② 见哈工科教云平台第 102381 号案例。

【输入格式】

第一行是两个整数 N、M。

接下来 N 行是一个矩阵,矩阵中的每个小方块是 W(白)、B(蓝)、R(红)中的一个。

【输出格式】

输出一个整数,表示至少需要涂多少块。

【输入样例】

4 5

WRWRW

BWRWB

WRWRW

RWBWR

【输出样例】

11

【数据范围】

对于 100% 的数据,有 N、M 均小于等于 50。

3. 回文日期[①]

【题目描述】

在日常生活中,通过年、月、日这 3 个要素可以表示出一个唯一确定的日期。

牛牛习惯用 8 位数字表示一个日期,其中,前 4 位代表年份,接下来 2 位代表月份,最后 2 位代表日期。显然,一个日期只有一种表示方法,而两个不同的日期的表示方法不相同。

牛牛认为,一个日期是回文的,当且仅当表示这个日期的 8 位数字是回文的。现在牛牛想知道:在他指定的两个日期之间(包含这两个日期本身),有

---

① 见哈工科教云平台第 180728 号案例。

多少个真实存在的日期是回文的。

一个 8 位数字是回文的，当且仅当对于所有的 i（$1 \leq i \leq 8$），从左向右数的第 i 个数字和第 $9-i$ 个数字（即从右向左数的第 i 个数字）是相同的。

例如：

对于 2016 年 11 月 19 日，用 8 位数字表示为 20161119，它不是回文的。

对于 2010 年 1 月 2 日，用 8 位数字表示为 20100102，它是回文的。

对于 2010 年 10 月 2 日，用 8 位数字表示为 20101002，它不是回文的。

每年都有 12 个月份，其中，1、3、5、7、8、10、12 月，每个月有 31 天；4、6、9、11 月，每个月有 30 天；而对于 2 月，闰年时有 29 天，平年时有 28 天。

一个年份是闰年，当且仅当满足下列两种情况之一：

（1）这个年份是 4 的整数倍，但不是 100 的整数倍。

（2）这个年份是 400 的整数倍。

例如：

以下几个年份都是闰年：2000 年、2012 年、2016 年。

以下几个年份都是平年：1900 年、2011 年、2014 年。

【输入格式】

输入两行，每行包括一个 8 位数字。

第一行表示牛牛指定的起始日期。

第二行表示牛牛指定的终止日期。

保证 date1 和 date2 都是真实存在的日期，且年份部分一定为 4 位数字，且首位数字不为 0。

保证 date1 一定不晚于 date2。

【输出格式】

输出一个整数，表示在 date1 和 date2 之间有多少个日期是回文的。

【输入样例】

20110101

20111231

【输出样例】

1

【学习建议】

枚举算法的思想较为容易掌握，但枚举对象、范围及优化方法则需要学生通过在解决问题的过程中不断学习。学生在编程过程中应注重总结枚举方法，除了以上习题外，还可练习哈工科教云平台上的 104407 数字统计等题目，检验自己的学习情况。

第二节　子集枚举——进制创造的奇迹

【教学提示】

教师可以从典型案例出发，引导学生分析采用传统暴力枚举的时间复杂度，并思考优化方向。将元素有选和不选两个状态引申到二进制中，从而引出子集枚举的核心思想，即用二进制将所有选择方案表示出来，优化时间复杂度。在学习本节之前，建议教师先将位运算的相关知识点进行复习。

一、典型案例

相声表演节目单 [1]

今年是红星中学建校 100 周年，相声社团的同学们想准备一个节目在校庆文艺展示会上表演。相声社团共有 5 名同学，而相声的表演形式可以有单口相声、对口相声、3 人及 3 人以上出演的群口相声。由于每位同学准备的节目主题不一样，即便人数相同，不同的演员组合也会产生不同的节目。那么，相声社团的同学们一共有多少种节目呢？请输出所有节目的表演同学组合。

---

[1]　见哈工科教云平台第 188962 号案例。

二、案例结构分析

集合是包含一些对象的整体，在典型案例中，相声社团的 5 名同学就可以看作一个集合。由于相声可以有单口、对口、群口 3 种形式，可选择的人数就有 1～5 个。那么，以上问题就转化成从包含 5 个元素的集合中枚举所有的子集，将子集中包含的元素列举出来。可以看出，最关键的求解问题在于如何枚举所有子集呢？我们发现，每个元素只有两种可能性——选和不选，只要将每个元素的这两种可能性依次枚举，最终就构成了待求的所有子集。

三、支撑模型

如果一个事物只有两种状态，如是或否、真或假、选或不选、走或不走等，我们就可以考虑用二进制来表达，即 0 或 1。那么枚举某个集合的所有子集，每个数字是否选择即可以用一位二进制来表示，如 0 表示未选择，1 表示已选择。

例如，如表 4.2 所示，枚举集合 {3，7，2，5，10} 的子集，当选择 {3，5，10} 时，对应的二进制即为 10011。以此类推，二进制 00000～11111 则可以把所有的子集情况都表示出来，一共对应 0～31 个十进制数字，共 32 种情况。

表 4.2　枚举集合 {3，7，2，5，10} 的子集

集合元素	3	7	2	5	10
二进制	1	0	0	1	1
是否选择	选	不选	不选	选	选

如何确定哪一位是 1 呢？当然我们可以选择把每一次遍历的十进制数字都转换成二进制，再依次检查每一位，但这样会比较麻烦。有没有什么办法能更简单一些呢？这就可以考虑借助位运算。以 19（10011）为例，想求得哪一位是否为 1，可以利用按位与"&"，见表 4.3。

表 4.3　借助位运算

判断第 j 位是否为 1	计算过程	计算结果	判断结果
0	10011 & 00001	00001	第 0 位为 1
1	10011 & 00010	00010	第 1 位为 1
2	10011 & 00100	00000	第 2 位不为 1
3	10011 & 01000	00000	第 3 位不为 1
4	10011 & 10000	10000	第 4 位为 1

那么，如何依次表示 00001、00010、00100、01000、10000 呢？这就可以利用左移 "<<" 运算符，即 1<<0、1<<1、1<<2、1<<3、1<<4。因此对于 i，判断第 j 位是否为 1，就可以利用 i &（1<<j）的值来确定。

四、模型案例

模型案例：和为素数的方案 [1]

已知 n 个整数 x_1，x_2，$\cdots$，x_n，以及 1 个整数 k（$k < n$）。从 n 个整数中任选 k 个整数相加，分别得到一系列的和。例如，当 $n = 4$，$k = 3$，4 个整数分别为 3、7、12、19 时，可得全部的组合与它们的和为

$3 + 7 + 12 = 22$

$3 + 7 + 19 = 29$

$7 + 12 + 19 = 38$

$3 + 12 + 19 = 34$

现在，要求你计算出和为素数共有多少种。

【输入格式】

第一行为两个整数 n，k（$1 \leqslant n \leqslant 20$，$k < n$），用空格隔开。

第二行为 n 个整数，分别为 x_1，x_2，$\cdots$，x_n（$1 \leqslant x_i \leqslant 5 \times 10^6$）。

【输出格式】

输出一个整数，表示种类数。

---

[1]　见哈工科教云平台第 104334 号案例。

【输入样例】

4 3

3 7 12 19

【输出样例】

1

【题目分析及参考代码】

这道题目其实就是在 n 个元素的集合中枚举所有子集，如果枚举到的子集满足条件，即含 k 个元素且所有数之和为素数，则为符合要求的解，将其计数，最后输出解的数量即可。

```cpp
#include<bits/stdc++.h>
using namespace std;
const int maxn=22;
int a[maxn];

// 判断是否为质数
bool prime(int x){
  if(x==1)return false;
  if(x==2)return true;
  for (int i=2; i*i<=x; i++){
    if (x%i==0)  return false;
  }
  return true;
}

int main(){
  int n, k;
  cin>>n>>k;
```

```
for (int i=1; i<=n; i++)
  cin>>a[i];
int ans=0;
for (int i=0; i<=(1<<n); i++){
  int cnt=0;
  int sum=0;
  for (int j=0; j<n; j++){
    if (i &( 1<<j)){
      cnt++;
      sum+= a[j+1];
    }
  }
  if (cnt!=k)  continue;
  if (prime(sum))  ans++;
}
cout<<ans;
}
```

五、典型案例参考代码

```
#include <bits/stdc++.h>
using namespace std;

int main(){
  int n=5;
  int cnt;
  for(int i=1; i<(1<<n); i++)
  {
    cnt=0;
```

```
        cout<<" 节目 "<<i<<" 参与同学编号为: ";
        for(int j=0; j<n; j++)
        {
          if(i&(1<<j))
          {
            cout<<j+1<<" 号 ";
            cnt++;
          }
        }
        if (cnt==1)
          cout<<" 表演内容为单口相声 "<<endl;
        if (cnt==2)
          cout<<" 表演内容为对口相声 "<<endl;
        if (cnt>2)
          cout<<" 表演内容为群口相声 "<<endl;
      }
    return 0;
}
```

六、模型迁移

1. 组合的输出 [1]

【题目描述】

排列与组合是常用的数学方法，其中组合就是从 n 个元素中抽出 r 个元素（不分顺序且 $r \leqslant n$），我们可以简单地将 n 个元素理解为自然数 $1, 2, \cdots, n$，从中任取 r 个数。现要求你输出所有组合。

例如 $n = 5$，$r = 3$，所有组合为

123　124　125　134　135　145　234　235　245　345

———————————
[1]　见哈工科教云平台第 110147 号案例。

【输入格式】

输入两个自然数 n、r（$1 < n < 21$，$1 \leq r \leq n$）。

【输出格式】

输出所有组合，每个组合占一行且其中的元素按由小到大的顺序排列，每个元素占 3 个字符的位置，所有组合也按字典顺序排列。

【输入样例】

5 3

【输出样例】

1 2 3

1 2 4

1 2 5

1 3 4

1 3 5

1 4 5

2 3 4

2 3 5

2 4 5

3 4 5

2. 打开所有的灯 [①]

【题目描述】

有一个 3×3 的矩阵，每个格子中放置一盏灯，0 代表不亮，1 代表亮。这些灯线路互相连接，若将某个灯的状态改变，则其周围上、下、左、右的 4 盏灯也会相应地改变状态。

例如：

0 1 1

————————————

① 见哈工科教云平台第 180729 号案例。

1 0 0

1 0 1

点一下最中间的灯［2，2］就变成了

0 0 1

0 1 1

1 1 1

现在想要将9盏灯全部打开，那么最少的步数是多少呢？

【输入格式】

输入9个数字，采用3×3的格式，每两个数字中间只有一个空格，表示灯初始的开关状态（0表示关，1表示开）。

【输出格式】

输出一个整数，表示打开所有灯最少需要的步数。

【输入样例】

0 1 1

1 0 0

1 0 1

【输出样例】

2

【学习建议】

子集枚举算法的核心在于利用二进制表示元素的选择情况，其中编程的难点在于位运算的应用。在学习子集枚举时，建议学生回顾与复习位运算的相关知识，以保证在编写程序时能够熟练应用。

第三节　排列枚举——数字的排列也能创造奇迹

一、典型案例

图书归还的排列 [①]

　　为了拓宽同学们的眼界，学校决定购进一套《百科全书》。《百科全书》系列共有 10 本，编号为 A ～ J，学校决定将其放置在一层的图书角书柜上。由于同学们归还图书时并未要求按顺序排列，因此可随机摆放。那么，请问经过一段时间，这 10 本书的排放顺序都有哪些种可能呢？

二、案例结构分析

　　以上问题在本质上就是求解 A ～ J 这 10 个字母有多少种排列顺序。摆放在第一位上的可以从 10 本中任选 1 本，即从 10 个字母中选择 1 个，共 10 种选择；第二位可以从剩余的 9 本中任选 1 本，即从 9 个字母中选择 1 个，共 9 种选择；第三位可以从剩余的 8 本中任选 1 本，即从 8 个字母中选择 1 个，共 8 种选择。以此类推，最终共有 $10 \times 9 \times 8 \times 7 \times 6 \times 5 \times 4 \times 3 \times 2 \times 1 = 10!$ 种可能性。而求解这个问题的核心在于依次枚举每种排列的可能性，直到把 10! 种情况都枚举完成。

---

① 见哈工科教云平台第 188963 号案例。

三、支撑模型

对于一个含有 n 个元素的集合，求解这 n 个元素的排列顺序，称为全排列。那么如何枚举出 $A \sim J$ 每种排列的可能呢？STL 中提供了用来计算下一个／上一个的排列顺序的函数，即 next_permutation(start,end) 和 prev_permutation(start, end)。其包含在头文件 #include <algorithm> 中，表示将当前范围内的数据转变成下／上一个全排列的形式。

以 next_permutation() 函数为例，在如下的代码中，原始排列为 {1，2，3}。next_permutation() 函数将按照字典顺序从小到大排列，求得当前排序之后的下一个排序 {1，3，2}。其中，"a + 3"中的"3"指的是对数组中前 3 个元素进行排列。

```cpp
#include <bits/stdc++.h>
using namespace std;
int main(){
  int a[3]={1,2,3};
  next_permutation(a,a+3);
  cout<<a[0] <<" "<<a[1]<<" "<<a[2];
  return 0;
}
```

输出：1 3 2

next_permutation() 函数每次都会返回一个 bool 类型，如果当前排列还有比其字典排序大的排列，则返回 true；如果没有则会返回 false。如下所示，按照字典排序从小到大排列，{3，2，1} 是最后一个排列，next_permutation() 函数会返回 false，但依然会将 {3，2，1} 变为第一种排列 {1，2，3}。

```cpp
#include <bits/stdc++.h>
using namespace std;
int main(){
  int a[3]={3,2,1};
```

```
    bool p=next_permutation(a,a+3);
    cout<<p<<endl;
    cout<<a[0]<<" "<<a[1]<<" "<<a[2];
    return 0;
}
输出: 0
     1 2 3
```

有了 next_permutation() 函数，我们就可以先将原始集合的 A ～ J 按照字典顺序从小到大进行排列，然后依次枚举下一个排列，直到所有的排列都枚举完。

四、模型案例

模型案例：全排列问题 [①]

输出自然数 1 到 n 所有不重复的排列，即 n 的全排列，要求所产生的任一数字序列中不允许出现重复的数字。

【输入格式】

输入一个整数 n。

【输出格式】

输出由 1 ～ n 组成的所有不重复的数字序列，每行一个序列。
每个数字保留 5 个场宽。

【输入样例】

3

【输出样例】

1   2   3

---

① 见哈工科教云平台第 100728 号案例。

```
1   3   2
2   1   3
2   3   1
3   1   2
3   2   1
```

【题目分析及参考代码】

就像之前分析的那样，可以先将原始集合的 $1 \sim n$ 按照从小到大的顺序进行排，列形成 $\{1, 2, \cdots, n\}$，并输出。然后依次枚举下一个排列，进行输出，直到所有排列都枚举完。

```cpp
#include<bits/stdc++.h>
using namespace std;
int a[10];

int main()
{
  int n;
  cin>>n;
  for(int i=0;i<n;i++) a[i]=i+1;
  do{
    for(int i=0;i<n;i++)  cout<<setw(5)<<a[i];
    cout<<endl;
  }while(next_permutation(a,a+n));
  return 0;
}
```

五、典型案例参考代码

```cpp
#include <bits/stdc++.h>
```

```cpp
using namespace std;

int main()
{
    char a[10]={'A','B','C','D','E','F','G','H','I','J'};
    do{
        for(int i=0;i<10;i++) cout<<a[i]<<" ";
        cout<<endl;
    }while(next_permutation(a, a+10));// 求下一个全排列
    return 0;
}
```

六、模型迁移

火星人 ①

【题目描述】

人类终于登上了火星的土地并且见到了神秘的火星人。人类和火星人都无法理解对方的语言，但是我们的科学家发明了一种用数字交流的方法。这种交流方法是这样的：首先，火星人把一个非常大的数字告诉人类科学家，人类科学家破解这个数字的含义后，再把一个很小的数字加到这个大数上面，把结果告诉火星人，作为人类的回答。

火星人用一种非常简单的方式来表示数字——掰手指。火星人只有一只手，但这只手上有成千上万根手指，这些手指排成一列，分别编号为1、2、3、…。火星人的任意两根手指都能随意地交换位置，他们就是通过这方法计数的。

一个火星人用人类的手演示了如何用手指计数。如果把5根手指——拇指、食指、中指、无名指和小指分别编号为1、2、3、4和5，当它们按正常顺序排列时，形成了5位数12345，当交换无名指和小指的位置时，会形成5位数

———————————————
① 见哈工科教云平台第104386号案例。

12354，当把 5 根手指的顺序完全颠倒时，会形成 54321，在所有能够形成的 120 个 5 位数中，12345 最小，它表示 1；12354 第二小，它表示 2；54321 最大，它表示 120。表 4.4 给出了只有 3 根手指时能够形成的 6 个 3 位数和它们代表的数字。

表 4.4　3 根手指形成的 3 位数和它们代表的数字

三进制数	代表的数字
123	1
132	2
213	3
231	4
312	5
321	6

现在你有幸成为第一个与火星人交流的地球人。一个火星人会让你看他的手指，人类科学家会告诉你要加上去的很小的数。你的任务是，把火星人用手指表示的数与人类科学家告诉你的数相加，并根据相加的结果改变火星人手指的排列顺序。输入数据，保证这个结果不会超出火星人手指表示的范围。

【输入格式】

第一行为一个正整数 N，表示火星人手指的数目（$1 \leqslant N \leqslant 10\,000$）。

第二行为一个正整数 M，表示要加上去的小整数（$1 \leqslant M \leqslant 100$）。

第三行为 $1 \sim N$ 这 N 个整数的一个排列，用空格隔开，表示火星人手指的排列顺序。

【输出格式】

输出 N 个整数，表示改变后的火星人手指的排列顺序。每两个相邻的数中间用一个空格分开，不能有多余的空格。

【输入样例】

5

3

1 2 3 4 5

【输出样例】

1 2 4 5 3

【数据范围】

对于 30% 的数据，有 $N \leqslant 15$。

对于 60% 的数据，有 $N \leqslant 50$。

对于 100% 的数据，有 $N \leqslant 10\,000$。

【学习建议】

  排列枚举算法的核心在于利用 next_permutation(start,end) 和 prev_permutation(start, end) 函数帮助学生方便、快捷地获得排列顺序。除此之外，解决枚举排列顺序还有其他方法，建议学生在学习第八章的算法后，再次回到本节，尝试用不同的方法解决问题。

第五章 二分算法
——更快的枚举法

二分算法作为枚举算法的一种优化方式，广泛地应用在各种问题之中。在二分问题中，主要面对两种情况：一类是二分查找，另一类是二分答案。这两类问题都是通过折半效应，在一定范围内进行快速枚举，以达到提升枚举速度的作用。

第一节 二分查找——有序数据的快速遍历方式

【教学提示】

通过典型案例分析，学生了解二分查找算法的概念和应用前提，掌握其基本实现方法。再通过不同案例的学习，学生应用二分算法创造性地解决实际问题，培养学生创新思维，提升解决问题的能力。最后，学生体会分治思想在解决实际问题中的巨大作用，明确分治思想解决问题的基本思路，树立用分治算法解决问题的信心。

一、典型案例

优化登录验证较慢问题 [①]

对于信息学学生来说，各大 OJ 平台是他们不断超越自我的舞台。哈工科云平台（oj.hterobot.com）作为一名后起之秀，也在不断地发展壮大。最近有一件棘手的事情，一直困扰着平台的管理团队，问题是这样的：随着平台注册

---

① 见哈工科教云平台第 188964 号案例。

选手的增多，用户登录验证较慢的问题逐步凸显。作为信息学选手的你，能不能帮助他们优化算法，解决问题呢？

二、案例结构分析

首先我们知道在网站的后台存储了大量的用户信息，其中包括用户名（手机号）和密码等。每次用户登录，网站都需要查找对应的账户信息，如果账户信息匹配成功，则正常登录平台；否则显示用户名或密码错误，须重新登录。已知该平台的用户名为选手的手机号，并且已按升序排列。按照之前的算法，用户登录时，只需从前往后依次查找用户名，并根据情况显示正常登录或匹配失败。随着用户群体的增多与比赛时间的临近，同时登录平台的选手也极速增长。如果仍按常规的顺序查找算法，则时间复杂度就达到了 $O(nm)$，其中 n 为平台用户总数，m 为同时登录平台人数。如果用户数达到上万人，而且同时登录人数也达上万人，则查询的最坏情况将达到上亿次，显然服务器将承受巨大的查询压力。由于我们事先知道用户账户（手机号）是按升序排列存储的，那么就需要一种在数据存储有序的前提下大幅度提升效率的查找方法。

三、支撑模型

二分查找又称折半查找，是指每次查找范围折半。与枚举算法相比，二分查找具有比较次数少、查找速度快、平均性能好的优点；缺点是要求待查数据有序。二分查找的目标是对于有序列表，在其中寻找目标元素的位置。例如在一个从小到大的不重复数组中查找一个数值，其查找思路如下：可以考虑将数组中间位置的元素与目标元素进行比较，如果两者相等，则查找成功；否则将当前查找范围里的列表从中间位置分开，分成前、后两个子列表，如果中间位置元素大于目标元素，则进一步查找前一子列表，否则进一步查找后一子列表。重复以上过程，直到找到满足条件的元素，使查找成功；或子表为空，此时指定元素不在列表内。查找次数由暴力枚举的 n 次降低为 $\log n$ 次。为了直观理解二分查找的过程，下面给出一个具体的例子。

有序列表：$L=\begin{bmatrix} 7, & 10, & 13, & 16, & 19, & 29, & 32, & 33, & 37, & 41, & 43 \end{bmatrix}$

查找元素：$T=16$

第一步：比较 L 的中间元素 29 和目标元素 16，29 > 16，目标在子列表 $L=\begin{bmatrix}7,&10,&13,&16,&19\end{bmatrix}$ 中。

第二步：比较 L 的中间元素 13 和目标元素 16，13 < 16，目标在子列表 $L=\begin{bmatrix}16,&19\end{bmatrix}$ 中。

第三步：比较 L 的中间元素 16 和目标元素 16，16 = 16，找到目标元素在 L 中的位置。

所以在进行二分查找时，头脑中要构建如图 5.1 所示的树形图，帮助我们不断缩小查找范围，直到找到答案。

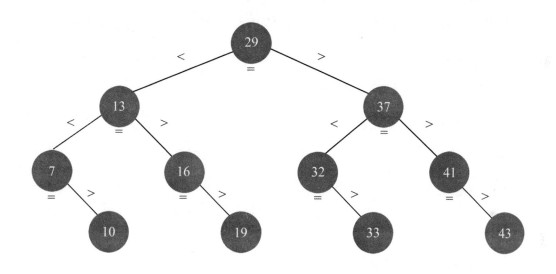

图 5.1 树形图

四、模型案例

模型案例：图书编号快速查[①]

【题目描述】

为了便于管理图书，管理员给每本图书编号，并按照从小到大的顺序依次摆放在书架上。同学们每次来借书，只要给出编号，管理员就能迅速查找出想借的书是否在书架上。现在给出图书的摆放序列，即一个长度为 n 的单

---

① 见哈工科教云平台第 180730 号案例。

调递增的正整数序列 a_1, a_2, $\cdots$, a_n, 序列中每一个数都比前一个数大, 其中 $n \le 10^5$, $a_i \le 10^9$。并给出要借阅图书的编号 x, 要求查询所借数据是否在书架上, 若在, 则输出图书在序列中的位置编号, 否则输出 –1。

【输入格式】

第一行为一个整数 n。

接下来一行为 n 个整数, 确保输入数据从小到大排列, 并且没有重复值。

最后一行为一个整数 x, 表示需要借阅的图书编号。

【输出格式】

输出图书是否在书架上, 若在, 则输出位置编号, 若不在, 则输出 –1。

【输入样例】

10

16 20 23 30 40 63 70 73 76 79

20

【输出样例】

2

【题目分析及参考代码】

本题给定了一个递增正整数序列, 判断 x 是否在此序列中。此时就可以利用二分查找的思路, 每次都用中间元素与查找的 x 进行比较, 逐步缩减查找范围, 最终判断所借图书是否在书架上。

```cpp
#include <bits/stdc++.h>
using namespace std;

#define MAXN 100010
 int a[MAXN],n,m,x,l,r,mid;
 int check(int x)
 {
```

```
l=1, r=n;// 设置左右端点
  while (l<= r)
  {
          mid=(l+r)/2;// 计算中点
          if (a[mid]==x)return mid;
          else if(a[mid]<x)l=mid+1;// 调整左端点
          else r=mid-1;// 调整右端点
  }
 return -1;
}


int main()
{
    cin>>n;
    for (int i=1; i<=n; i++) cin>>a[i];
    cin>>x;
    cout<<check(x)<<endl;
    return 0;
}
```

五、典型案例参考代码

对于每个给定的用户名，也就是手机号，都需要将已存储数据中的用户名序列的中间位置信息与待查信息进行比较，如果两者相等，则匹配成功，返回位置；否则将用户名序列从中间位置分开，分成前后两个子序列，如果中间位置信息大于待查信息，则在前子序列中继续查找，否则在后子序列中继续查找。重复以上过程，直到找到该用户，或子序列为空，该用户不存在，则返回－1。再根据返回位置上面存储的密码进行匹配，判定是否可以登录。此优化后的算法时间复杂度为 O（$m\log n$）。

需要注意的是，本问题使用二分法查找解决的前提是，样例中确保数据输入的顺序是按照用户名，即手机号大小递增输入。

```cpp
#include <bits/stdc++.h>
using namespace std;
struct person
{
  long long num;
  string pass;
};
person a[100005];
int n;

int check(long long lognum)
{
  int l, r;
  int mid;
  l=1;
  r=n;
  while (l<=r)
  {
    mid=(l+r) / 2;
    if (a[mid].num==lognum)
      return mid;
    if (a[mid].num<lognum)
      l=mid+1;
    else
      r=mid-1;
  }
```

```
    return -1;
  }


int main()
{
  int m;
  int i, w;
  long long loguser;
  string logpass;
  cin>>n>>m;
  for (i=0; i<n; i++)
    cin>>a[i].num>>a[i].pass;
  for (i=0; i<m; i++)
  {
    cin>>loguser>>logpass;
    w=check(loguser);
    if (w==-1)
    {
      cout<<"User not exist!"<<endl;
      continue;
    }
    if (a[w].pass==logpass)
      cout<<"Successfully logged in!"<<endl;
    else
      cout<<"Wrong username or password!"<<endl;
  }
  return 0;
}
```

六、模型迁移

1. 你最心仪的"李清照" [1]

【题目描述】

宋代女词人李清照被誉为"千古第一才女"。她曾在现山东省青州市居住20余年，创作了大量脍炙人口的词作，在青州历史文化长河里熠熠闪光。为此，青州市李清照历史文化研究中心组织发起李清照形象全国海选征集活动。自活动开展以来受到社会各界的广泛关注。截至发稿，共有来自全国各地、各行业的万余人报名参赛。为了便于统计每位参赛选手的得票数，大赛主办方给每位选手随机编号，然而面对如此多的选手，大赛主办方有些一筹莫展。请你帮助主办方按照选手编号顺序，统计出每位选手的得票总数。

【输入格式】

输入共两行。

第一行为一个正整数 n，表示总投票数（$n \leqslant 2 \times 10^5$）。

第二行为 n 个数，每个数之间以空格分隔。数 A_i 表示每位选手的编号（$1 \leqslant A_i \leqslant 2 \times 10^9$）。

【输出格式】

输出若干行，每行两个正整数，分别表示选手编号和该选手得票总数。

【输入样例】

15

3 5 9 16 5 9 21 45 18 3 16 21 21 5 21

【输出样例】

3 2

5 3

9 2

---

[1] 见哈工科教云平台第 180731 号案例。

16 2

18 1

21 4

45 1

2.最萌"身高差[1]

【题目描述】

一年一度的宠物选美大赛又开始了。大赛主办方会给出一串整数以及一个数值 H，为了比赛公平，规定身高差为 H 的选手组合进入下一轮评选（没办法，谁叫人家是权威呢！）。请帮助主办方确定一共有多少对宠物进入下一轮评选。

【输入格式】

第一行为两个整数 N、H。

第二行为 N 个整数，表示每只宠物的身高。

【输出格式】

输出身高差满足 H 的宠物有多少对。

【输入样例】

5 3

56 56 59 62 74

【输出样例】

3

【数据范围】

对于 75% 的数据，有 $1 \leqslant N \leqslant 2\,000$。

对于 100% 的数据，有 $1 \leqslant N \leqslant 2 \times 10^5$。

---

① 见哈工科教云平台第 180732 号案例。

3. 烦恼的高考志愿 [1]

【题目描述】

现有 m 所学校，每所学校预计分数线是 a_i。有 n 位学生，估分分别为 b_i。

根据 n 位学生的估分情况，分别给每位学生推荐一所学校，要求学校的预计分数线和学生的估分相差最小（可高可低，毕竟是估分嘛），这个最小值为不满意度。求所有学生不满意度之和的最小值。

【输入格式】

第一行为两个整数 m、n。其中 m 表示学校数，n 表示学生数。

第二行为 m 个数，表示 m 个学校的预计录取分数。

第三行为 n 个数，表示 n 位学生的估分成绩。

【输出格式】

输出最小的不满度之和。

【输入样例】

4 3

513 598 567 689

500 600 550

【输出样例】

32

【数据范围】

对于 30% 的数据，有 $1 \leqslant n, m \leqslant 1\,000$，估分和录取线小于等于 10 000。

对于 100% 的数据，$1 \leqslant n, m \leqslant 100\,000$，估分和录取线 $\leqslant 1\,000\,000$ 且均为正整数。

---

[1]　见哈工科教云平台第 180733 号案例。

【学习建议】

二分查找是一种效率较高的查找方法，它可以在数据规模的对数时间复杂度内完成查找，前提是数据必须采用顺序存储结构且按关键字大小有序排列。通过本节的学习，学生应全面、深入地理解二分查找的原理，掌握用二分算法解决问题的基本方法，希望能够应用分治思想解决更多实际问题，提升自身解决问题能力。

第二节　二分答案——让答案从区间中快速浮现

【教学提示】

通过典型案例分析，学生了解什么是二分答案，以及与二分查找的区别和联系，掌握用二分答案解决问题的基本方法。再通过不同案例的学习，学生加深对二分答案问题的理解，培养其分析问题、解决问题的能力。最后，学生体会分治思想在解决实际问题中的巨大作用，明确分治思想解决问题的基本思路，树立用分治算法解决问题的信心。

一、典型案例

网线的最大长度 [1]

哈工大算法与编程学习平台（oj.hterobot.com）举办一场程序设计区域赛。裁判委员会完全由学生自愿组成，他们承诺要组织一次史上最公正的比赛。

他们决定将选手的计算机用星型拓扑结构连接在一起，即将它们全部连到一个单一的中心服务器。为了组织这场完全公正的比赛，裁判委员会主席提出要将所有选手的计算机等距离地围绕在服务器周围放置。

为购买网线，裁判委员会联系了当地的一个网络解决方案提供商，要求能够提供一定数量的等长网线。裁判委员希望网线越长越好，这样选手之间的距

---

[1]　见哈工科教云平台第 188965 号案例。

离可以尽可能远一些。

该公司的网线主管承接了这项任务。他知道库存中每条网线的长度（单位：厘米），并且只要告诉他所需的网线长度（单位：厘米），他就能够完成对网线的切割工作。但是，这次所需的网线长度并不知道，这让网线主管不知所措。

你能不能帮助网线主管确定一个最长的网线长度，并且按此长度对库存中的网线进行切割，确保得到指定数量的网线呢？

二、案例结构分析

此任务的核心思想是要在网线数量足够的前提下确定网线的最大长度。本题目虽无法直接求网线长度，但可以转换思路解决问题：我们可以枚举所有长度，判断当前长度是否可行，把"求解"问题转换为"判定"问题。

当前问题的答案满足单调性：当确定一个长度，分割所得的网线数不小于需要的网线数量时，就说明按这个长度分割是够用的，可以尝试更大的长度；如果该长度分割所得的网线数比需要的网线数少，就说明分割得太长了，需要把长度减小。

此问题中所有网线的长度最短为 100（单位：厘米），最长为 1×10^9（单位：厘米），通过暴力枚举网线长度的方法，耗时较长。我们知道当前题目的答案满足单调性，那么面对这类问题，可以通过二分查找法，在长度区间 $[L，R]$ 中查找答案，即二分答案。

三、支撑模型

二分答案的核心就是在一定范围内枚举有效的答案值。与基础二分查找一致的是，可以二分查找的前提是在枚举范围内，答案有单调特性，也就是说，答案与枚举的数值之间的关联是一个单调变化的过程，即越来越大或者越来越小。但其与二分查找不同的是，二分查找是在一个具体的内容范围内找是否存在，而二分答案是在一个可能存在答案的范围内查找最符合题目要求的答案。

而二分答案的模型一般分为整数二分和实数二分两种。其答案一种是整数结果，另一种是实数结果。

四、模型案例

模型案例一：整数二分 [①]

在确定的范围内，先锁定答案的左右边界（最小和最大的范围）；然后不停地枚举其中的整数值，根据整数值与运算之间的关系，确定是否可以满足要求，如果满足要求，则记录当前答案；最后继续在要求的范围内进行修订，也就是寻找是否有更合理的方案进行替代。

如以下程序中，l、r 分别为查找范围的左右边界。ans 为最后需要找到的最符合要求的答案。如果一个数值满足所需要求，将会进一步调整查找范围到更小的范围内，查看是否有更小的值也同样满足题目所设定的要求。也就是说，如下程序展示的是查找满足要求的答案中，值最小的一个。

```
int IntSearch(int l, int r)
{
    int ans=-1;
    while (l<=r)
    {
        int mid=(l+r)/2;
        if (check(mid))
        {
            ans=mid;
            r=mid-1;
        }
        else
            l=mid+1;
    }
    return ans;
}
```

---

① 见哈工科教云平台第 188966 号案例。

模型案例二：一元三次方程求解 ①

【题目描述】

有形如：$ax^3 + bx^2 + cx + d = 0$ 这样的一个一元三次方程。给出该方程中各项的系数（a、b、c、d 均为实数），并约定该方程存在 3 个不同的实根（根的范围为 $-100 \sim 100$），且根与根之差的绝对值大于等于 1。要求由小到大依次在同一行输出这 3 个实根（根与根之间留有空格），并精确到小数点后两位。

提示：记方程 $f(x) = 0$，若存在两个数 x_1 和 x_2，且 $x_1 < x_2$，$f(x_1) \times f(x_2) < 0$，则在 (x_1, x_2) 之间一定有一个根。

【输入格式】

输入 4 个实数 a、b、c、d。

【输出格式】

输出 3 个实根，从小到大输出，并精确到小数点后 2 位。

【输入样例】

1 −5 − 4 20

【输出样例】

−2.00 2.00 5.00

【题目分析及参考代码】

设 $f(x) = ax^3 + bx^2 + cx + d$，根据零点存在性定理有，若函数 $y = f(x)$ 在 $[x_1, x_2]$ 区间内是连续的，且 $f(x_1) \times f(x_2) < 0$，那么 $y = f(x)$ 在 (x_1, x_2) 区间内有零点，即存在 $x \in (x_1, x_2)$，使得 $f(x) = 0$，x 即为 $f(x) = 0$ 的解。

题目中说"该方程存在 3 个不同的实根（根的范围为 $-100 \sim 100$），且根与根之差的绝对值大于等于 1"，意味着每个大小为 1 的区间内至多有一个解。可以在 $[-100, 100]$ 进行根的区间枚举，当发现 $f(x) \times f(x + 1) < 0$ 时，

---

① 见哈工科教云平台第 104322 号案例。

意味着在 $[x, x+1]$ 范围内存在一个解。接着可以在 $[x, x+1]$ 区间内进行二分，取这个区间内的中点为 mid，当 $f(1) \times f(\text{mid}) < 0$ 时，说明在 $[1,$ mid$]$ 内有解；否则解在 $[\text{mid}, x+1]$ 中。不断二分缩小区间，即可求出最终解。

```cpp
#include <bits/stdc++.h>
using namespace std;
double l,r,mid;
double a,b,c,d;

//计算 f(x)
double f(double x){
  return a*x*x*x+b*x*x+c*x+d;
}


int main(){
  cin>>a>>b>>c>>d;
  for(double i=-100;i<=100;i++){
    l=i;
    r=i+1;
    mid=0;
    if(f(l)==0){
      cout<<fixed<<setprecision(2)<<i<<" ";
      continue;
    }
    if(f(l)*f(r)<0){
      while(r-l>=0.001){
        mid=(l+r)/2;
        if (f(l)*f(mid)<=0) r=mid;
        else l=mid;
```

```
    }
        cout<<fixed<<setprecision(2)<<l<<" ";
    }
  }
  return 0;
}
```

在理解整数二分的基础上，可以进一步理解实数二分。也就是说，答案的结果并非一个离散的整数结果，而是一个实数的答案，那么不可能在调整范围时出现加 1 或者减 1 的情况。因此需要将条件设定为在 $l \sim r$ 之间，大小不能超过一定范围，只要范围过大，就将范围进一步调小，直到区间小到可以接受的精度范围。

```
double DouSearch(double l, double r)
{
  double mid;
  const double eps=1e-6;    /*eps 表示精度，取决于题目对精度
的要求 */
  while (r-l>eps)
  {
      mid=(l+r) / 2;
      if (check(mid))
          r=mid;
      else
          l=mid;
  }
  return (l+r) / 2;
}
```

五、典型案例参考代码

题目所求的其实就是求满足条件时最长的网线长度。

```cpp
#include <bits/stdc++.h>
using namespace std;

int n, k, maxx, ans;
int a[10005];

// 判断当切成 len 是否满足 k 段
bool check(int len) {
    int cnt=0;
    for (int i=1; i<=n; i++) {
        cnt+=(a[i]/len);
    }
    if (cnt>=k)
        return true;
    return false;
}

void solve() {
    int l=1, r=maxx, mid;
    while (l<=r) {
        mid=l+(r-l) / 2;
        if (check(mid)) {
            // 当前长度可以满足，继续找大的
            ans=mid;
            l=mid+1;
        } else {
```

```
                    // 太长了
            r=mid-1;
        }
    }
    cout<<ans<<endl;
}

int main()
{

    cin>>n>>k;
    int  x;
    for (int i=1; i<=n; i++) {
        cin>>x;
        a[i]=x ;
        maxx=max(maxx, a[i]);
    }
    solve();
    return 0;
}
```

　　通过对案例的分析，我们知道所谓二分答案，就是对答案进行二分。此时问题答案属于一个区间，当这个区间很大时，耗时较长。但重要的是，这个区间是对题目中的某个量有单调性的，此时，我们就会使用二分答案。二分答案算法的核心思想是将答案的范围不断缩小，直到能够在接受的范围之内完成算法设计的目标。

六、模型迁移

1. 数列分段 [①]

【题目描述】

对于给定的一个长度为 N 的正整数数列 $A_1 \sim A_N$，现要将其分成 $M(M \leqslant N)$ 段，并要求每段连续，且每段和的最大值最小。

关于最大值最小：

例如，将数列 4 2 4 5 1 分成 3 段。

将其分段如下：

[4 2] [4 5] [1]

第一段和为 6，第二段和 9，第三段和为 1，每段和的最大值为 9。

将其分段如下：

[4] [2 4] [5 1]

第一段和为 4，第二段和为 6，第三段和为 6，每段和的最大值为 6。

并且无论如何分段，最大值不会小于 6。

所以可以得到将数列 4 2 4 5 1 分成 3 段，每段和的最大值最小为 6。

【输入格式】

第一行包含两个正整数 N、M。

第二行包含 N 个用空格隔开的非负整数 A_i，含义如题目所述。

【输出格式】

输出一个正整数，即每段和的最大值最小为多少。

【输入样例】

5 3

4 2 4 5 1

---

① 见哈工科教云平台第 108066 号案例。

【输出样例】

6

【数据范围】

对于 20% 的数据，有 $N \leqslant 10$。

对于 40% 的数据，有 $N \leqslant 1\ 000$。

对于 100% 的数据，有 $1 \leqslant N \leqslant 10^5$，$M \leqslant N$，$A_i < 10^8$，答案不超过 10^9。

2. 跳石头 [1]

【题目描述】

一年一度的"跳石头"比赛又要开始了！

这项比赛将在一条笔直的河道中进行，河道中分布着一些巨大的岩石。组委会已经选好了两块岩石作为比赛的起点和终点。在起点和终点之间，有 N 块岩石（不含起点和终点的岩石）。在比赛过程中，选手们将从起点出发，每一步跳向相邻的岩石，直至到达终点。

为了提高比赛难度，组委会计划移走一些岩石，使得选手们在比赛过程中的最短跳跃距离尽可能长。由于预算限制，组委会至多从起点和终点之间移走 M 块岩石（不能移走起点和终点的岩石）。

【输入格式】

第一行包含 3 个整数 L、N、M，分别表示起点到终点的距离，起点和终点之间的岩石数，以及组委会至多移走的岩石数。

接下来 N 行，每行一个整数，第 i 行的整数 D_i（$0 < D_i < L$），表示第 i 块岩石到起点的距离。这些岩石按它到起点的距离从小到大的顺序给出，并且不会有两个岩石出现在同一个位置。

【输出格式】

输出一个整数，即最短跳跃距离的最大值。

---

① 见哈工科教云平台第 107363 号案例。

【输入样例】

25 5 2

2

11

14

17

21

【输出样例】

4

【数据范围】

对于 20% 的数据，有 $0 \leqslant M \leqslant N \leqslant 10$。

对于 50% 的数据，有 $0 \leqslant M \leqslant N \leqslant 100$。

对于 100% 的数据，有 $0 \leqslant M \leqslant N \leqslant 50\,000$，$1 \leqslant L \leqslant 10^9$。

【学习建议】

　　二分答案的核心就是在一定范围内枚举有效的答案值。二分答案与二分查找一致的是，它们的前提是在枚举范围内答案有单调特性。也就是说，答案与枚举的数值之间的关联是一个单调变化的过程，即越来越大或者越来越小。但其与二分查找不同的是，二分查找是在一个具体的内容范围内查找是否存在，而二分答案是在一个可能存在答案的范围内查找最符合题目要求的答案。相信通过本节的学习，学生能够应用二分答案解决实际问题，并在哈工科教云平台中练习更多相关的题目，更好地体会二分思想在问题解决中的巨大作用，提升自身解决问题能力。

第六章 贪心算法初探
——择优而选以求解

贪心算法是生活中最常见的算法，也是最容易被接受的选择策略方法，在面对某些复杂问题时，可以帮助我们做出决策。贪心，顾名思义，这种算法在进行决策时会寻求问题的局部最优解，既简单又直接。

第一节 基础贪心——从局部窥全局的问题解决方案

【教学提示】

教师结合生活中需要选择的场景及书中的简单例子，讲解贪心算法的概念，强调"择优而选"的核心思想。然后结合案例分析为什么选择贪心算法，并带领学生一起厘清贪心算法的基本步骤。在此基础上，学生独立完成若干题目，体会算法的整个过程，并提出那些认知模糊的地方，教师帮助解答。

一、典型案例

田忌赛马 [①]

田忌赛马是一个历史故事演化而成的成语，出自《史记·孙子吴起列传》。故事的主角是田忌、孙膑和齐威王，齐国的大将田忌常同齐威王进行跑马比赛。他们在比赛前，双方各下赌注，每次比赛共设 3 局，胜两次以上的为赢家。然而，

---

① 见哈工科教云平台第 188967 号案例。

每次比赛，田忌总是输给齐威王，他把赛马失败引起的不快告诉了孙膑。

这天比赛开始，孙膑先以下等马对齐威王的上等马，第一局田忌输了。第二场比赛孙膑拿上等马对齐威王的中等马，获胜了一局。第三局比赛，孙膑拿中等马对齐威王的下等马，又战胜了一局。比赛的结果是三局两胜，田忌赢了齐威王。还是同样的马匹，由于调换一下比赛的出场顺序，就得到转败为胜的结果。

田忌赛马，如果 3 匹马变成 n 匹（$n \leqslant 100$），齐王仍然让他的马按照优到劣的顺序出赛，田忌可以按任意顺序选择他的赛马出赛。赢一局，田忌可以得到 200 两银子；输一局，田忌就要输掉 200 两银子。已知国王和田忌的所有马的奔跑速度，并且所有马的奔跑速度均不相同，现已经对两人的马分别从快到慢排好序。请设计一个算法，帮助田忌赢得最多的银子。具体要求如下。

输入：第一行一个整数 n，表示双方各有 n 匹马。

第二行 n 个整数，分别表示田忌的 n 匹马的速度。

第三行 n 个整数，分别表示齐王的 n 匹马的速度。

输出：若通过聪明的你精心安排，如果能赢得比赛（赢的次数大于比赛总次数的一半），那么输出"YES"，否则输出"NO"。并输出一个整数，代表田忌最多能赢多少两银子。

二、案例结构分析

田忌赛马，在排兵布阵时，充分利用每一匹马的战斗力，尽可能用最小的代价赢，保留自己最快的马，用最慢的马去消耗对方最快的马，增大剩余马的赢面。

（1）若己方的最好马优于对方的最好马，则使己方的最好马战胜对方的最好马。

（2）若己方的最好马劣于对方的最好马，则必定要输一次，用己方最劣的一匹马消耗对方的最好马，从而使己方的最好马可以对战对方下一个等级的马，增大赢的概率。

（3）当双方的最好马实力相当时，为了尽可能多赢，检查双方最劣马的实力，若己方最劣马强于对方，则先用己方最劣马战胜对方最劣马，保证赢一局，若己方最劣马弱于对方，则该匹马注定要输，用其消耗对方最高战斗力。若双方最劣马实力相当，仍用己方最劣马消耗对方最好马，当只看最优和最劣两组数据时，这样最坏的结果是平局，但可以增大中间数据赢的概率。

三、支撑模型

贪心选择标准就是选择"当前最好"的决策，贪心算法根据这个标准进行决策，将原问题变成一个相似但规模更小的子问题，期待通过每一步选出来的当前局部最优解产生原问题整体最优解。

贪心算法的一般步骤如下：

（1）将求解问题分成子问题。

（2）对于子问题，确定贪心选择的策略，得到子问题的最优解。

（3）把子问题最优解合成为原问题的最优解。

贪心算法可以用于解决一些最优化的问题，但请注意贪心策略的选择不能保证求得全局最优解。例如最少找零问题。贪心策略为：尽量找面额大的钱数。但是实际上很多情况得不到最优解：比如找 8 元钱，面额有 1 元、2 元、5 元的，可以按照面额由大到小分别找 5 元、2 元、1 元共 3 张零钱。但是如果多一个 4 元面额的就不行了。8 块钱是可以用 2 个 4 元来最少零钱找回。

四、模型案例

模型案例一：牛奶采购最低价[①]

【题目描述】

由于乳制品产业利润很低，所以降低原材料（牛奶）价格就变得十分重要。帮助 Marry 乳业找到最优的牛奶采购方案。

Marry 乳业从一些奶农手中采购牛奶，并且每位奶农为 Marry 乳业提供的价格是不同的。此外，就像每头奶牛每天只能挤出固定数量的奶，每位奶农每天能提供的牛奶数量是一定的。Marry 乳业每天从奶农手中采购到小于或者等于奶农最大产量的整数数量的牛奶。

---

① 见哈工科教云平台第 100261 号案例。

给出 Marry 乳业每天对牛奶的需求量，还有每位奶农提供的牛奶单价和产量。计算采购足够数量的牛奶所需的最小花费。

注：每天所有奶农的总产量大于 Marry 乳业的需求量。

【输入格式】

第一行为两个整数 n、m，表示需要牛奶的总量及提供牛奶的农民个数。

接下来 m 行，每行两个整数 p_i、a_i，表示第 i 个农民所提供牛奶的单价和农民 i 一天最多能卖出的牛奶量。

【输出格式】

输出单独的一个整数，表示 Marry 乳业拿到所需的牛奶的最少费用。

【输入样例】

100 5

5 20

9 40

3 10

8 80

6 30

【输出样例】

630

【题目分析及参考代码】

本题可以用贪心算法的思路去解决。

（1）先按照单价排序，单价小的在前面，单价相同的就把产量多的放前面。

（2）当还需要采购时（n 不为零），从当前还需采购值开始，逐个减 1，总价钱加上当前最小单价，当这头牛产量为 0（不能再从它购买时），换一头牛（数组加 1），直到购买完（$n = 0$）为止。

（3）输出总价。

```cpp
#include <bits/stdc++.h>
using namespace std;

int n,m,ans;// 总需求量，提供的个数，总价

struct node
{
    int a,b;// 牛奶单价和产量
}a[5005];// 定义结构体

bool cmp(node a,node b)
{
    if(a.a!=b.a)return a.a<b.a;
    else return a.b>b.b;
}

int main()
{
    cin>>n>>m;
    for(int i=1;i<=m;i++)
            cin>>a[i].a>>a[i].b;
    sort(a+1,a+1+m,cmp);// 用刚定义的函数给它排序
    int i=1;
    while(n)// 从 n 开始减起，直达 n 为零停止
    {
        if(a[i].b!=0)// 当这头牛还没购买完
        {
```

```
        a[i].b--;// 这头牛可购买数减 1
        ans+=a[i].a;/* 总花费加上这头牛的单价（或者说当前
最小单价）*/
        n--;// 需求量减 1
    }
    else i++;// 购买完了换头牛
}
cout<<ans;
return 0;
}
```

模型案例二：合并果子[①]

【题目描述】

在一个果园里，多多已经将所有的果子打了下来，而且按果子的不同种类分成了不同的堆。多多决定把所有的果子合并成一堆。

每次合并，多多把两堆果子合并到一起，消耗的体力等于两堆果子的质量之和。可以看出，所有的果子经过 $n-1$ 次合并之后，就只剩下一堆了。多多在合并果子时总共消耗的体力等于每次合并所耗体力之和。

因为还要花大力气把这些果子搬回家，所以多多在合并果子时要尽可能地节省体力。假定每个果子的质量都为 1，并且已知果子的种类和每种果子的数目，你的任务是设计出合并的次序方案，使多多耗费的体力最少，并输出这个最小的体力耗费值。

例如有 3 种果子，数目依次为 1、2、9。可以先将 1、2 堆合并，新堆数目为 3，耗费体力为 3。接着，将新堆与原先的第三堆合并，又得到新的堆，数目为 12，耗费体力为 12。所以多多总共耗费体力为 3 + 12 = 15。可以证明 15 为最小的体力耗费值。

---

① 见哈工科教云平台第 110166 号案例。

【输入格式】

第一行是一个整数 n（$1 \leq n \leq 10\,000$），表示果子的种类。

第二行包含 n 个整数，用空格分隔，第 i 个整数 a_i（$1 \leq a_i \leq 20\,000$）是第 i 种果子的数目。

【输出格式】

输出一个整数，为最小的体力耗费值，保证这个值小于 2^{31}。

【输入样例】

3

1 2 9

【输出样例】

15

【数据范围】

对于 30% 的数据，有 $n \leq 1\,000$。

对于 50% 的数据，有 $n \leq 5\,000$。

对于 100% 的数据，有 $n \leq 10\,000$。

【题目分析及参考代码】

合并果子可以采用哈夫曼编码的思想，该思想是贪心策略的经典应用。所以本题的合并思想只需要每次将最小的两堆果子合并成一个新的堆即可。这就涉及一个新问题，难道每次合并都需要重新排序，然后找到最小的两堆果子吗？这种思路显然不对，根据题目给的数据范围，很有可能会超时。所以我们现在需要一种高效的方法找到集合中最小的两个堆。

除了使用优先队列或者二叉堆这种高效的方法外，这里介绍一种实现更为简单的方法。建立两个数组，第一个数组储存每堆果子的数目，按照从小到大的顺序排列，从第一数组取出的前两个数就是最小的两堆果子。把这两堆果子取出也就是从第一个数组中删除这两堆后再将这两堆合并成一个新的堆，记录消耗的体力，把新的堆放入第二个数组后面。然后继续寻找数目最小的两堆果子，此时只需要比较两个数组没有删去的部分的最前面的元素即可，找到这两个数组中最小的堆。此时有可能是第一个数组（未删去的部分）的前两个元素，也有可能是第一数组的第一个元素和第二个数组的第一个元素，同理取出这两堆（从数组中删去），将这两堆合并成一个新的堆加入第二个数组中，这样两个数组都是从小到大排列的，重复以上操作，直到合并后只剩下一堆果子。

```cpp
#include <bits/stdc++.h>
using namespace std;

int n,w;
int x=1,y=1,z=1;
int a[10005];
int b[10005];
int sum=0;
void init(){
  memset(a,127,sizeof(a));
  memset(b,127,sizeof(b));
}
int main(){
  init();
  cin>>n;
  for(int i=1;i<=n;i++) cin>>a[i];
  sort(a+1,a+1+n);
  for(int i=1;i<n;i++){
    if(a[x]<b[y]) {
      w=a[x];
      x++;
    }
```

```
  else{
    w=b[y];
    y++;
  }
  if(a[x]<b[y]){
    w+=a[x];
    x++;
  }
  else{
w+=b[y];
    y++;
  }
  b[z]=w;
  z++;
  sum+=w;
}
cout<<sum;
return 0;
}
```

模型案例三：排队接水等多久[①]

【题目描述】

有 n 个人在一个水龙头前排队接水，每个人接水时间为 T_i（T_i 为正整数），编程找到一种这 n 个人排队的顺序，使平均等待时间最短。

【输入格式】

第一行为 n（$n \leqslant 1\,000$）。

———————————

① 见哈工科教云平台第 100275 号案例。

第二行为 T_1，T_2，$\cdots$，T_n（$T_i \leqslant 1\,000$）。

【输出格式】

第一行为排队顺序，数字之间中间用空格隔开。

第二行为平均等待时间（精确到小数点后 2 位）。

【输入样例】

10

56 12 1 99 1000

【输出样例】

3 2 1 4 5

50.2

【题目分析及参考代码】

有 5 个人，每个人接水时间分别是 56、12、1、99、1 000，请给这 5 个人排序，使 5 个人平均等待时间最短。

要如何排序使平均等待时间最短呢？生活中我们的排队经验是，希望排在前面的人尽快完成接水，这样我们等待的时间就会少些。假设只有 a、b 两个人排队接水，接水时间分别是 10 和 100，那么若 b 排在前面，则 a 需要等待 100，两人的平均等待时间就是 50；反之，如果 a 在前面，两人平均等待时间则是 5。

推而广之，若多个人排队，接水时间越短的人排位越靠前，这样等待总时间和平均等待时间就会越短。假如共有 n 个人，就按照接水时间由小到大排队，当第 i 个人接水时，后面 $n-i$ 个人都要等待 t_i，则这期间总共等待时间为 $t_i \times (n-i)$，可以通过表 6.1 清楚地看到这种情况。这样通过枚举前 $n-1$ 个人，求出总等待时间，进而求出平均时间。

表 6.1 接水时间由小到大排队

人员编号（接水时间）	3（1）	2（12）	1（56）	4（99）	5（1 000）	$n{-}i$ 人等待总时间
等待第 1 人 3 号接水		1	1	1	1	$4＝（5－1）×1$
等待第 2 人 2 号接水			12	12	12	$36＝（5－2）×12$
等待第 3 人 1 号接水				56	56	$116＝（5－3）×56$
等待第 4 人 4 号接水					99	$99＝（5－4）×99$
个人等待总时间	0	1	13	69	168	251

这个解题思路就是贪心算法，为了达到平均等待时间最短，将接水时间少的人排在前面接水。

```cpp
#include <bits/stdc++.h>
using namespace std;

struct A{
    int t;// 取水时间
    int sn;// 人员编号
}a[1010];

bool cmp(A a1,A a2){ // 比较函数，依据打水时间由小到大排序
    return a1.t<a2.t;
}

int main(){
    int n;// 人数
    double time=0;// 总等待时间
    cin>>n;
    for(int i=1;i<=n;i++){
        cin>>a[i].t;
        a[i].sn=i;
```

```
    }
    sort(a+1,a+1+n,cmp);// 排序
    for(int i=1;i<=n;i++){  /* 循环到 n 是为了打印排序编号,
不影响总打水时间 */
        cout<<a[i].sn<<" ";
        time+=(n-i)*a[i].t;
    }
    cout<<endl<<fixed<<setprecision(2)<<time/n;
    return 0;
}
```

五、典型案例参考代码

```cpp
#include <bits/stdc++.h>
using namespace std;
int a[1000],b[1000];

int main()
{
int n;
  while (cin>>n)
  {
    if (n==0)break;
    for (int i=0; i<n; i++)cin>>a[i];
    for (int i=0; i<n; i++)cin>>b[i];
    sort(a, a+n);
    sort(b, b+n);
    int lowa=0, lowb=0, higha=n-1, highb=n-1, sum=0;
    while (lowa<=higha)
```

```
    {
        if (a[lowa]<b[lowb])
        { lowa++;
          highb--;
          sum--;
        }
        else if (a[lowa]>b[lowb])
        { lowa++;
          lowb++;
          sum++;
        }
        else
        { if (a[higha]>b[highb])
          {
            higha--;
            highb--;
            sum++;
          }
          else
          { sum-=(a[lowa]<b[highb]);
            lowa++;
            highb--;
          }
        }
    }
    cout<<sum*200<<endl;  }
  return 0;
}
```

六、模型迁移

1. 纪念品分组 [①]

【题目描述】

元旦快到了，校学生会让乐乐负责新年晚会纪念品的发放工作。为了使参加晚会的同学所获得的纪念品价值相对均衡，他要把购来的纪念品根据价格进行分组，每组最多只能包括两件纪念品，并且每组纪念品的价格之和不能超过一个给定的整数。为了保证在尽量短的时间内发完所有纪念品，乐乐希望分组的数目最少。

你的任务是写一个程序，找出所有分组方案中分组数最少的一种，输出最少的分组数目。

【输入格式】

包含 $N + 2$ 行：

第 1 行为一个整数 W，为每组纪念品价格之和的上限。

第 2 行为一个整数 N，表示购来的纪念品的总件数 G。

第 3 ～ $N + 2$ 行，每行包含一个正整数 P_i（$5 \leqslant P_i \leqslant W$），$W$ 表示所对应纪念品的价格。

【输出格式】

输出一个整数，为最少的分组数目。

【输入样例】

100

9

90

20

20

30

---

① 见哈工科教云平台第 110165 号案例。

50

60

70

80

90

【输出样例】

6

【数据范围】

对于 50% 的数据，有 $1 \leqslant N \leqslant 15$。

对于 100% 的数据，有 $1 \leqslant N \leqslant 30\,000$，$80 \leqslant W \leqslant 200$。

2. 小跳蛙跳石头[1]

【题目描述】

你是一只小跳蛙，你特别擅长在各种地方跳来跳去。

这一天，你和朋友小 F 一起出去玩耍的时候，遇到了一堆高矮不同的石头，其中第 i 块的石头高度为 h_i，地面的高度是 $h_0 = 0$。你估计着，从第 i 块石头跳到第 j 块石头所耗费的体力值为 $(h_i - h_j)^2$，从地面跳到第 i 块石头所耗费的体力值是 $(h_i)^2$。

为了给小 F 展现你超级跳的本领，你决定跳到每个石头上各一次，并最终停在任意一块石头上，并且想耗费尽可能多的体力值。

当然，你只是一只小跳蛙，你只会跳，不知道怎么跳才能让本领更充分地展现。

不过你有救啦！小 F 给你递来了一个写着 AK 的计算机，你可以利用计算机程序解决这个问题，万能的计算机会告诉你怎么跳。

【输入格式】

第一行为一个正整数 n，表示石头个数。

---

① 见哈工科教云平台第 104659 号案例。

第二行为 n 个正整数，表示第 i 块石头的高度 h_i。

【输出格式】

输出一个正整数，表示你可以耗费的体力值的最大值。

【输入样例】

2

2 1

【输出样例】

5

【数据范围】

对于 $1 \leqslant i \leqslant n$，有 $0 < h_i \leqslant 10^4$，且保证 h_i 互不相同。

对于 10% 的数据，有 $n \leqslant 3$。

对于 20% 的数据，有 $n \leqslant 10$。

对于 50% 的数据，有 $n \leqslant 20$。

对于 80% 的数据，有 $n \leqslant 50$。

对于 100% 的数据，有 $n \leqslant 300$。

【学习建议】

　　通过反复迭代"做题、思考、总结改进"这个过程，学生透彻理解贪心算法的核心思想，归纳该算法的基本步骤。对于明显包含贪心思想的题目，厘清它们的共同特点，用贪心算法来解决。

第二节　挖掘贪心——着眼未选的贪心策略

　　教师结合书中案例，讲解如何通过分析题目描述，发现其中隐藏的贪心算法，也就是发现其中的"择优而选"的核心思想。通过多个案例，找出其共同特征，也可对比前面案例，加深对隐藏于题目中贪心思想的理解。然后让学生独立完成若干题目，体会算法的过程，提出疑问并解答。

一、典型案例

家具组装与摆放 [①]

　　搬家是现在很常见的事。搬家最难处理的就是一些需要拆卸、组装的家具。这些家具往往需要地方进行拆卸和组装，还在屋里占据一定的空间。有生意头脑的小明就开了一家搬家公司，但是，开业不久，就经历了很多起纠纷。搬家公司根本无法完成搬家任务。这可愁坏了小明。

　　所以，他来向你求助。在给定 N 个家具的情况下，告知每个家具组装后所占空间 A 以及组装过程中所需空间 B_i。请你帮他判断一下，在这种情况下，理论上，搬家公司是否能够完成整个家具组装和摆放的过程。

二、案例结构分析

　　这是一个棘手的问题。经过前面的学习，我们已经知道了一定的选择策略，但是这个问题好像并不那么简单。无法直接判断到底应该按照什么内容进行排序。怎样才能解决这个问题呢？

三、支撑模型

　　在贪心问题中，有一类问题是非常有意思的，就是给定多个属性，让人很

---

① 见哈工科教云平台第 188968 号案例。

难分析出问题到底该按照什么样的情况进行处理。这种情况就需要经过一定的分析，发现隐藏的贪心策略，找到更好的排序原则。

四、模型案例

模型案例一：比赛场数如何选[①]

【题目描述】

全国青少年信息学奥林匹克竞赛（NOIP）即将举行，选手们的时间都很紧张！

现在在各大在线判题系统（oj）上有 n 场比赛，每场比赛的开始时间和结束时间是知道的。有选手认为，参加的比赛场数越多，NOIP 就能考得越好。所以，他想知道他最多能参加几场比赛。注意：每场比赛不能提前结束，也不能同时参加两场及两场以上的比赛。

【输入格式】

第一行为一个整数 n。

接下来 n 行，每行是两个整数 a_i、b_i（$a_i < b_i$），分别表示比赛开始时间和结束时间。

【输出格式】

输出一个整数，为最多参加的比赛数目。

【输入样例】

3

0 2

2 4

1 3

【输出样例】

2

---

① 见哈工科教云平台第 180734 号案例。

【数据范围】

对于 20% 的数据，有 $n \leqslant 10$。

对于 50% 的数据，有 $n \leqslant 10^3$。

对于 70% 的数据，有 $n \leqslant 10^5$。

对于 100% 的数据，有 $1 \leqslant n \leqslant 10^6$，$0 \leqslant a_i < b_i \leqslant 10^6$。

【题目分析及参考代码】

这道题的核心是一些线段的选择问题。所选线段之间不能有任何覆盖与重叠。这个问题同样是一道经典的贪心策略应用。根据题意我们应该思考如何尽可能多地参加比赛，如果所有比赛的时间都不冲突，那么我们当然可以全部参加，但事实上并没有那么简单，因为比赛时间会有重合，我们应该如何选择使得参加的比赛场次最多呢？

可以将重合的比赛分成两种情况来讨论：

情况 1：如果两场比赛，第一场比赛的时间完全将第二场比赛的时间包含，那么我们肯定会选择第二场比赛，因为第二场比赛一定先结束，先结束就能有更多的机会去参加其他场比赛，如图 6.1 所示。

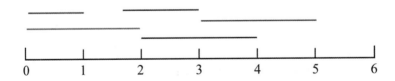

图 6.1　情况 1

情况 2：如果两场比赛相交，那么我们同样也应该选择先结束的那场比赛，与情况 1 的道理相同，如图 6.2 所示。

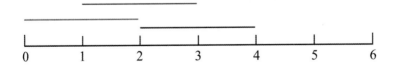

图 6.2　情况 2

根据分析，我们应该按照比赛结束时间进行先后排序，保证每次选择都是最先结束的，直到所有的比赛全部选择完，那么最后的结果也一定是最优的。

此类问题除涉及"区间不相交"问题，还涉及"区间选点"问题及"区间覆盖"问题。

区间选点问题：选择最少的点使得每个闭区间中都至少有一个点。贪心策略为：按照区间右端点从小到大排序，标记区间右端点为要选取的 b 点。对于后续区间，如果左端点小于 b，则当前区间已经有点；如果左端点大于 b，则区间分离，需要新增一个点。

区间覆盖问题：选择尽量少的区间，覆盖指定的线段 $[s, t]$。按照区间左端点排序，选择左端点小于等于 s，且右端点最靠右的，依次类推。

在此类问题中，需要对贪心的关注点进行分析。一般可以通过举一些相关的例子进行判断，分析一定的规律，并按照规律进行一定的思维尝试，最后确定策略。很多时候也可以通过数据量进行判断。10^6 是一个百万级别的量，平方级别完全无法完成，最多也就是 n 倍 $\log n$ 级别的算法可以完成。贪心策略是其中重点考虑的对象。如果运算级别可以达到 $n \times n$ 或者 $n \times m$，那么可以考虑是否进行动态规划。对问题的分析后最终才能决定问题的解决策略。

```cpp
#include <bits/stdc++.h>
using namespace std;
struct contest{
  int a;
  int b;
}cp[1000005];

int n;
int ans=1;

bool cmp(contest x,contest y){
  return x.b<y.b;
}
```

```
int main(){
  cin>>n;
  for(int i=1;i<=n;i++){
    cin>>cp[i].a>>cp[i].b;
  }
  sort(cp+1,cp+1+n,cmp);
  int tmp=cp[1].b;
  for(int i=1;i<=n-1;i++){
    if(tmp<=cp[i+1].a){
      ans++;
      tmp=cp[i+1].b;
    }
  }
  cout<<ans;
  return 0;
}
```

模型案例二：删数问题 [1]

【题目描述】

键盘输入一个高精度的正整数 n（不超过 250 位），去掉其中任意 k 个数字后剩下的数字按原左右次序将组成一个新的非负整数。要求对给定的 n 和 k 寻找一种方案，使得剩下的数字组成的新数最小。

【输入格式】

第一行为一个高精度的正整数 n。

第二行为一个正整数 k，表示需要删除的数字个数。

---

[1]　见哈工科教云平台第 100158 号案例。

【输出格式】

输出一个整数，最后剩下最小数。

【输入样例】

175438

4

【输出样例】

13

【题目分析及参考代码】

删数问题表面上看可能需要用到高精度算法，事实上可以把这样一个高精度数看作一个字符串，我们只需要考虑字符串的每位字符即可。

接下来我们需要思考的问题就是如何删除其中的 k 个字符，使得剩下的字符所组成的新的数字最小，这里就需要用到贪心策略了。

既然要使数字最小，第一反应是由大到小删除字符串中的数字，不过这种思路存在一定问题，比如"1324 1"如果删除 4 得到 132，但事实上删除 3 得到 124，124 是比 132 小的，可见这种思路不可行。

所以对于这样一个问题来说，最优的解法是每次删除的数字应该是"从左往右看第一个既比前面的数大又比后面的数大的数"。例如，"1764383 3"第一个删除的数应该是"7"，得到"164383"，第二个删除的数是 6，得到"14383"，第三个删除的数是 4，得到结果为"1383"。

需要注意的是，在找到规律以后，并不要当成解决问题的终结，而是要从算理上进行分析与总结。这样才能从能力上真正提升自己对于这个问题的认知。比如本题，算理上，左侧代表的是高位，所以，在左侧进行数据分析一定更加合理。而最终因为一定要删掉一位，左侧删掉一个数之后，替代的数值如果增大了，一定是让剩余数值得到了更大的发展，只有减少，才能满足需要。这就是对问题的总结。学生应在总结的过程中逐渐构建算理意识，真正提升计算思维能力。

```cpp
#include <bits/stdc++.h>
using namespace std;
int zhaogao(string s)
{
  int i;
  for (i=0; i<s.size()-1; i++)
  {
    if (s[i]>s[i+1])
      break;
  }
  return i;
}
string shan(string s)
{
  string q, h;
  int w;
  w=zhaogao(s);
  q=s.substr(0, w);
  h=s.substr(w+1);
  return q+h;
}
string tz(string s)
{
  int w;
  w=s.find_first_not_of('0');
  if (w!=-1)
    s=s.substr(w);
  else
```

```
    s="0";
   return s;
 }
int main()
{
  string s;
  int i, n;
  cin>>s>>n;
  for (i=0; i<n; i++)
  {
    s=shan(s);
  }
  cout<<tz(s)<<endl;
  return 0;
}
```

模型案例三：三国之群雄争霸 [①]

【题目描述】

小涵很喜欢电脑游戏，这些天他正在玩一个叫做《三国》的游戏。

在游戏中，小涵和计算机各执一方，组建各自的军队进行对战。游戏中共有 N 位武将（N 为偶数且不小于 4），任意两位武将之间有一个"默契值"，表示若此两位武将作为一对组合作战，该组合的威力有多大。游戏开始前，所有武将都是自由的（称为自由武将，一旦某位自由武将被选中作为某方军队的一员，那么他就不再是自由武将了），换句话说，所谓的自由武将不属于任何一方。

游戏开始，小涵和计算机要从自由武将中挑选武将组成自己的军队，规

---

① 见哈工科教云平台第 180735 号案例。

则如下：小涵先从自由武将中选出一位加入自己的军队，然后计算机也从自由武将中选出一位加入计算机方的军队。接下来一直按照"小涵→计算机→小涵→……"的顺序选择武将，直到所有武将被双方均分完。然后，程序自动从双方军队中各挑出一对默契值最高的武将组合代表自己的军队进行二对二比武，拥有更高默契值的一对武将组合获胜，表示两军交战，拥有获胜武将组合的一方获胜。

已知计算机一方选择武将的原则是尽量破坏对手下一步将形成的最强组合，它采取的具体策略如下：任何时刻，轮到计算机挑选时，它会尝试将对手军队中的每位武将与当前每位自由武将进行一一配对，找出所有配对中默契值最高的那对武将并将他们组合，将该组合中的自由武将选入自己的军队。下面举例说明计算机的选将策略，例如，游戏中一共有6位武将，他们相互之间的默契值见表6.2。

表 6.2　6 位武将之间的默契值

武装编号	1	2	3	4	5	6
1		5	28	16	29	27
2	5		23	3	20	1
3	28	23		8	32	26
4	16	3	8		33	11
5	29	20	32	33		12
6	27	1	26	11	12	

双方选将过程见表6.3。

表 6.3　双方选将过程

	小涵	轮到计算机时可选的自由武将	计算机	计算机选将说明
第一轮	5	1 2 3 4 6	4	小涵手中 5 号武将与 4 号武将的默契值最高，所以选择 4 号
第二轮	5 3	1 2 6	4 1	小涵手中的 5 号武将和 3 号武将与自由武将中配对，可产生的最大默契值为 29，是由 5 号与 1 号配对产生的，因此计算机选择 1 号
第三轮	5 3 6	2	4 1 2	

小涵想知道，如果计算机在一局游戏中始终坚持表中这个策略，那么自己有没有可能必胜? 如果有，在所有可能的胜利结局中，自己这对用于比武的武将组合的默契值最大是多少?

假设在整个游戏过程中，对战双方任何时候均能看到自由武将队中的武将和对方军队的武将。为了简化问题，保证对于不同的武将组合，其默契值均不相同。

【输入格式】

第 1 行为一个偶数 N，表示武将的个数。

第 $2 \sim N$ 行，第 $i + 1$ 行有 N_i 个非负整数，每两个数之间用一个空格隔开，表示 i 号武将和 $i + 1, i + 2, \cdots, N$ 号武将之间的默契值（$0 \leqslant$ 默契值 $\leqslant$ 1 000 000 000）。

【输出格式】

共 1 或 2 行。

对于给定的游戏输入，若存在可以让小涵获胜的选将顺序，则输出 1，并另起一行输出所有获胜的情况中，小涵最终选出的武将组合的最大默契值。如果不存在可以让小涵获胜的选将顺序，则输出 0。

【输入样例】

6

5 28 16 29 27

23 3 20 1

8 32 26

33 11

12

【输出样例】

1

32

【数据范围】

对于 40% 的数据，有 $N \leq 10$。

对于 70% 的数据，有 $N \leq 18$。

对于 100% 的数据，有 $N \leq 500$。

【题目分析及参考代码】

这道三国游戏题，同样要用到贪心策略。

我们取一点 A，计算机必然会取与 A 点最佳搭配的一点，设为 B 点。而此时我们可取与 A 点次佳搭配点 C 点。接下来就要证明：

（1）双方均不可能取到最佳搭配点。

（2）小涵取得的最后搭配点必定是最佳方案。

先对第一点进行证明：当计算机取 D 点时，由于计算机的选将策略，点 D 的最佳搭配点已经先一步被我们取了，故计算机不可能取到最佳搭配点。而我们也不可能取到最佳搭配点，因为当我们取一对最佳搭配点中的一点时，还是由于计算机的选将策略，计算机必定会取最佳搭配点中的另一点。综上所述，双方均不可能取到最佳搭配点。

对第二点进行证明：由于双方均不可能取到最佳搭配，所以在最开始时，我们可以取每个点的次佳匹配点。例如，选择 A 点，待计算机取 A 点的最佳搭

配点 B 点时,我们即可取 A 点的次佳搭配点,也就是所有次佳搭配点中的最大值,又由于最佳搭配点无法取到,所以我们取的就是最佳方案,这也是此题正解算法的由来。

```cpp
#include <bits/stdc++.h>
using namespace std;
int cida(int s[], int n)
{
  int zd, cd;
  int i;
  zd=s[1];
  cd=s[2];
  if (cd>zd) swap(cd, zd);
  for (i=3; i<=n; i++)
  {
    if (s[i]>cd)
    {
      cd=s[i];
      if (cd>zd)
        swap(cd, zd);
    }
  }
  return cd;
}
int main()
{
  int s[505][505]={};
  int n;
  int i, j;
```

```
    int da, t;
    cin>>n;
    for (i=1; i<=n; i++)
    {
      for (j=i+1; j<=n; j++)
      {
        cin>>s[i][j];
        s[j][i]=s[i][j];
      }
    }
    da=0;
    for (i=1; i<=n; i++)
    {
      t=cida(s[i], n);
      if (da<t)
        da=t;
    }
    cout<<1<<endl;
    cout<<da<<endl;
    return 0;
}
```

这就是在贪心策略中的转变。最优不见得是题目的追求，能够得到的最优才是思考中的关键点。贪心算法是最值得研究的一种算法，是生活中常用的算法，更容易被人们所接受，是一个很好的树立学生计算思维能力的算法。所以在构建算法的过程中，也是对学生思维的重构过程。在这个环节是最容易触动学生领悟能力提升的时期。

五、典型案例参考代码

经过了前面模型案例的学习，理解了贪心算法的不简单之处。需要仔细分析贪心点的选择。

为了将所有的家具都搬入洞中，有两个直接的想法：其一，先移动"储存空间 A_i"小的装备，这样装备放置之后可以留出尽量多的空间，方便后续移动"组装空间 B_i"大的装备；其二，由于开始洞内空间大，先移动"组装空间 B_i"大的装备，防止后续因为洞内空间变小而无法移动。

但是，可以明显地看出，这两者之间相互干扰。那么如何两者兼顾呢？发现一个与它们均有关系的计算式，即 $(B_i - A_i)$。可以发现当 B_i 变大，A_i 变小时，$(B_i - A_i)$ 就会变得更大，也就是说，$(B_i - A_i)$ 可以很好地兼顾上面两个方面的想法，即最先搬运的家具就是差值最大的那个。如果每次搬运都从剩余的家具中选择差值最大的那件物品，那么就能把家具尽可能多地装进新家中。这样，每次搬运都是最佳选择，那么搬运完所有的家具也能得到最好的效果，这也充分地体现了贪心算法的思想。

还可以换个角度理解这个问题，表 6.4 是两件家具的空间占用信息。

表 6.4　两件家具的空间占用信息

	储存空间 A_i	搬运空间 B_i
第一件家具	A_1	B_1
第二件家具	A_2	B_2

通过观察比较可以发现，$A_1 + B_2$ 为先放第一件家具后再放第二件家具时所需的最大体积，$A_2 + B_1$ 为先放第二件家具后放第一件家具时所需的最大体积，我们应该选择 $A_1 + B_2$ 和 $A_2 + B_1$ 这两个结果中比较小的那个，从而决定移动顺序。

假设：$A_1 + B_2 < A_2 + B_1$（先移动第一件家具）

即：$B_2 - A_2 < B_1 - A_1$（$B_1 - A_1$ 的值大）

这样，可以推导出先搬运 $(B_i - A_i)$ 值大的家具。

还有一点，若两件家具 $(B_i - A_i)$ 相等，如何选择？差值相等意味着

$A_1 + B_2 = A_2 + B_1$，即所需最大体积相等，那么搬运的顺序就无所谓了。

　　具体程序设计时，先定义一个结构体和该类型的数组保存家具的储存空间 A_i 和搬运空间 B_i，再定义一个比较函数，用于 sort 排序函数的第三个参数。对输入数据排序后，遍历整个数组，只要洞穴剩余体积大于等于 B_i，就可以放入该装备，继续检查下一个，否则无法放入并退出循环。

```cpp
#include <bits/stdc++.h>
using namespace std;

struct Equipment{
 int a;// 储存空间
 int b;// 搬运空间
}e[1010];

bool cmp(Equipment e1,Equipment e2){/* 比较函数，依据 b — a
的值由大到小排列 */
return e1.b-e1.a>e2.b-e1.a;
}
int main(){
int i,t,v,n;// 输入示例数目 t, 洞穴体积 v, 家具数量 n
cin>>t;
while(t--){
    cin>>v>>n;
    for(i=0;i<n;i++){
      cin>>e[i].a>>e[i].b;}
    sort(e,e+n,cmp);
    for(i=0;i<n;i++){
      if(v>=e[i].b) v-=e[i].a;
      else break;
```

```
    }
    if(i==n)  cout<<"Yes"<<endl;// 家具全部放下
    else cout<<"No"<<endl;
  }
  return 0;
}
```

六、模型迁移

1. 排队接水 2[①]

【题目描述】

学校里有一个水房，水房里一共装有 m 个龙头可供同学们打开水，每个龙头每秒钟的供水量相等，均为 1。

现在有 n 名同学准备接水，他们的初始接水顺序已经确定。将这些同学按接水顺序从 1 到 n 编号，i 号同学的接水量为 w_i。接水开始时，1 到 m 号同学各占一个水龙头，并同时打开水龙头接水。当其中某名同学 j 完成其接水量要求 w_j 后，下一名排队等候接水的同学 k 马上接替 j 同学的位置开始接水。这个换人的过程是瞬间完成的，且没有任何水的浪费。即 j 同学第 x 秒结束时完成接水，则 k 同学第 $x + 1$ 秒立刻开始接水。

若当前接水人数 n 不足 m，则只有 n 个龙头供水，其他 $m - n$ 个龙头关闭。

现在给出 n 名同学的接水量，按照上述接水规则，问所有同学都接完水需要多少秒？

【输入格式】

第一行为两个整数 n 和 m，用一个空格隔开，分别表示接水人数和水龙头个数。

第二行为 n 个整数 w_1，w_2，$\cdots$，w_n，每两个整数之间用一个空格隔开，w_i 表示 i 号同学的接水量。

---

① 见哈工科教云平台第 180736 号案例。

【输出描述】

输出一个整数，表示接水量所需的总时间。

【输入格式】

5 3

4 4 1 2 1

【输出格式】

4

2. 国王游戏 [①]

【题目描述】

恰逢 H 国国庆，国王邀请 n 位大臣来玩一个有奖游戏。首先，他让每位大臣在左、右手上面分别写下一个整数，国王自己也在左、右手上各写一个整数。然后，让这 n 位大臣排成一排，国王站在队伍的最前面。排好队后，所有大臣都会获得国王奖赏的若干金币，每位大臣获得的金币数分别是：排在该大臣前面的所有人的左手上的数的乘积除以他自己右手上的数，然后向下取整得到的结果。

国王不希望某一个大臣获得特别多的奖赏，所以他想请你帮他重新安排队伍的顺序，使得获得奖赏最多的大臣所获奖赏尽可能地少。注意：国王的位置始终在队伍的最前面。

【输入格式】

第一行为一个整数 n，表示大臣的人数。

第二行为两个整数 a 和 b，整数之间用一个空格隔开，分别表示国王左手和右手上的整数。

接下来 n 行，每行包含两个整数 a 和 b，之间用一个空格隔开，分别表示每位大臣左手和右手上的整数。

---

① 见哈工科教云平台第 106909 号案例。

【输出格式】

输出一个整数，表示重新排列后的队伍中获奖赏最多的大臣所获得的金币数。

【输入样例】

3

1 1

2 3

7 4

4 6

【输出样例】

2

【输入输出样例说明】

按 1、2、3 这样排列队伍，获得奖赏最多的大臣所获得金币数为 2。

按 1、3、2 这样排列队伍，获得奖赏最多的大臣所获得金币数为 2。

按 2、1、3 这样排列队伍，获得奖赏最多的大臣所获得金币数为 2。

按 2、3、1 这样排列队伍，获得奖赏最多的大臣所获得金币数为 9。

按 3、1、2 这样排列队伍，获得奖赏最多的大臣所获得金币数为 2。

按 3、2、1 这样排列队伍，获得奖赏最多的大臣所获得金币数为 9。

因此，奖赏最多的大臣最少获得 2 个金币，答案输出 2。

【数据范围】

对于 20% 的数据，有 $1 \leqslant n \leqslant 10$，$0 < a, b < 8$。

对于 40% 的数据，有 $1 \leqslant n \leqslant 20$，$0 < a, b < 8$。

对于 60% 的数据，有 $1 \leqslant n \leqslant 100$。

对于 60% 的数据，保证答案不超过 10^9。

对于 100% 的数据，有 $1 \leqslant n \leqslant 1\,000$，$0 < a, b < 10\,000$。

【学习建议】

隐藏于题目中的贪心思想和算法相对较难发现，可以结合文中的案例细心体会，逐步发现并总结它们的特点。可以通过建立问题的数学模型、把问题分解成若干个子问题，取得每个子问题的最优解，把所有局部最优解合成最终答案来完成。

第七章 递归算法初探
——用自身描述自身

仰望星空，看到天上的一颗一颗星星，总是感觉这个世界真的很神奇。天上的一颗一颗星星，竟然跟地球一样，也是一个一个的圆球。而地球上的每一种物质如果将描述的尺度不断地缩小，也能够看到一个个更小的球体，电子、质子、原子……

真实的世界是由一个一个的"圆球"组成的。程序的世界是否也如此？如此简单的几个语法结构竟然可以构建出如此庞大的信息社会。在这一章中，我们将会感受递归这种语法结构是如何在算法上进行应用的。

第一节 递归结构——由"一"演变"无穷"

【教学提示】

教师应强调使用递归算法的条件。利用"大道至简"的思想，把一个大的复杂问题层层转换为一个小的子问题之和的方式来求解。要注意递归算法运行效率较低的缺陷，应合理使用递归算法。

一、典型案例

汉诺塔[①]

汉诺塔（又称河内塔）问题源于印度一个古老传说的益智玩具。如图 7.1 所示，有 3 根柱子（编号分别为 A、B、C），在 A 柱子上按自下而上、由大

---

① 见哈工科教云平台第 181846 号案例。

到小的顺序放置 n 个圆盘。把 A 柱子上的圆盘全部移到 C 柱子上，并仍保持原有顺序放好。每次只能移动一个圆盘，并且在移动过程中 3 根柱子都始终保持大盘在下小盘在上，在操作过程中圆盘可以置于 A、B、C 任一柱子上。现要求设计将 A 柱子上 n 个圆盘搬移到 C 柱子上的方法。

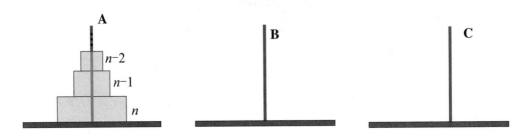

图 7.1　汉诺塔游戏

二、案例结构分析

汉诺塔是一个经典的模型，这个模型的结构让人非常着迷。柱子是类似的，盘子也是类似的。在整个分析中，可以不停地转换每个柱子所代表的角色（发起、借助、终止）；而圆盘也是如此，n 个盘子可以由 $n-1$ 个盘子组和最后的一个盘子构成。逐渐用更小规模的盘子组构成更大的盘子组。

这种算法让人感觉就像真实的世界一样，不停地增长，但又没有摆脱原始结构。这就是递归算法的经典应用。

三、支撑模型

下面我们从现实中的德罗斯特效应说起。

两面镜子相对放置，然后在两面镜子中间摆放一个小玩偶，如图 7.2（a）所示。此时你从某个上方位置斜视，大家猜一猜会看到什么呢？

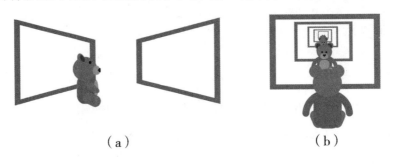

（a）　　　　　　　　　　（b）

图 7.2　德罗斯特效应

如图 7.2（b）所示，我们可以看到两面镜子里都有一个多面镜子，貌似相连的走廊，"你中有我，我中有你"，无数个小玩偶连成了一串。德罗斯特效应是递归的一种视觉形式，是指一张图片的某个部分与整张图片相同，如此产生无限循环。

在函数的定义中，其内部操作直接或间接地出现对自身的调用，这样的程序嵌套定义称为递归。

递归通常把一个大型复杂的问题层层转化为一个与原问题相似的规模较小的问题来求解，递归策略只需少量的程序就可以描述出解题过程所需要的多次重复计算，大大地减少了程序的代码量。递归的能力在于用有限的语句来定义对象的无限集合。用递归思想写出的程序往往十分简洁、易懂。

例如，在数学上，所有偶数的集合可递归地定义为：

（1）0 是一个偶数。

（2）一个偶数与 2 的和仍是一个偶数。

可见，仅需两句话就能定义一个由无穷多个元素组成的集合。在程序中，递归是通过函数的调用来实现的。函数直接调用其自身，称为直接递归；函数间接调用其自身，称为间接递归。

四、模型案例

模型案例一：比赛出场顺序表 [1]

【题目描述】

为了庆祝六一儿童节，红星小将为五年级的同学们举办一场歌唱比赛。五年级共有 n 个班级，班号分别为 $1-n$ 班，那么共有几种出场顺序方案呢？

【输入格式】

输入一个整数 n。

【输出格式】

输出出场顺序方案数量。

---

① 见哈工科教云平台第 180737 号案例。

【输入样例】

3

【输出样例】

6

【题目分析及参考代码】

第一位可以从 n 个班级中选择，第二位可以从剩余 $n-1$ 个班级中选择，第三位可以从剩余 $n-2$ 个班级中选择，以此类推，总共有 $n \times (n-1) \times (n-2) \times \cdots \times 2 \times 1 = n!$ 种方案。经过分析，本题的核心问题为计算阶乘。

$$x \begin{cases} x(x-1),! & x>0 \\ 1 & , \quad x=0 \end{cases}$$

根据数学中的定义，将求 $x!$ 定义为求 $x \times (x-1)!$，其中求 $(x-1)!$ 仍采用求 $x!$ 的方法，需要定义一个求 $x!$ 的函数，逐级调用此函数：

当 $x=0$ 时，$x! = 1$；当 $x>0$ 时，$x! = x \times (x-1)!$。

假设用函数 fac (x) 表示 x 的阶乘，当 $x=3$ 时，fac (3) 的求解方法可表示为

$$\text{fac}(3) = 3 \times \text{fac}(2) = 3 \times 2 \times \text{fac}(1)$$
$$= 3 \times 2 \times 1 \times \text{fac}(0) = 3 \times 2 \times 1 \times 1 = 6$$

（1）定义函数：int fac（int n）

如果 $n=0$，则 fac $=1$；如果 $n>0$，则继续调用函数 fac $= n \times$ fac $(n-1)$；

（2）返回主程序，打印 fac (x) 的结果。

其执行流程图如图 7.3 所示。

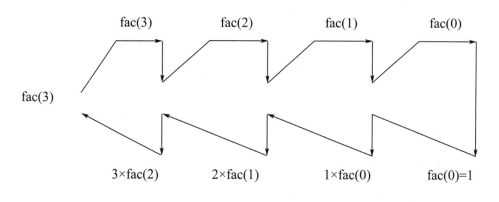

图 7.3　执行流程图

```
#include <bits/stdc++.h>
using namespace std;

int fac(int n);
int main()
{
    int x;
    cin>>x;
    cout<<x<<»!=»<<fac(x)<<endl;// 主程序调用 fac(x) 求 x！
    return 0;
}
int fac(int n)                          // 函数 fac(n) 求 n！
{
    return n==0?1:n*fac(n-1);  /* 调用函数 fac（n－1）递归求
(n－1)!*/
}
```

说明：这里出现了一个三元运算符 "?:"。a?b:c 的含义是：如果 a 为真，则表达式的值是 b，否则是 c。所以 n＝＝0？1：n*fac（n－1）很好地表达了递归定义。

模型案例二：n 次方 [1]

【题目描述】

递归求解 x^n。

【输入格式】

第一行为一个整数 x（$1 \leq x \leq 10$）。

第二行为一个整数 n（$1 \leq n \leq 10$）。

【输出格式】

输出一个整数 x^n，保证这个值小于 2^{31}。

【输入样例】

2

3

【输出样例】

8

【题目分析及参考代码】

将 x^n 分解成：

```
x0=1(n=0)
x1=x*x0(n=1)
x2=x*x1(n>1)
x3=x*x2(n>1)
……(n>1)
```

因此将 x^n 转化为 $x \times x^{n-1}$，其中求 x^{n-1} 时采用求 x^n 的方法进行求解。

①定义子程序 xn（int n）求 x^n；如果 $n \geq 1$，则递归调用 xn（$n-1$），求 x^{n-1}。

②当递归调用到达 $n = 0$ 时终止调用，然后执行本"层"的后继语句。

———————

[1] 见哈工科教云平台第 180738 号案例。

③子程序运行完，就结束本次调用，返回到上一"层"调用语句的地方，并执行其后继语句。

④继续执行步骤③，从调用中逐"层"返回，最后返回到主程序。

```cpp
#include <bits/stdc++.h>
using namespace std;
int n;
int x;
int xn(int n)
{
    if (n==0) return 1;        // 递归边界
    else   return x*xn(n-1);   // 递归式
}


int main()
{
    cin>>x>>n;
    cout<<xn(n)<<endl;
    return 0;
}
```

五、典型案例参考代码

为了分析将 A 中的 n 个圆盘移到 C 中，我们先分析一下 n 分别等于 1、2、3 的简单情况。在进行移动之前有如下约定：

（1）move（n，A，B，C）表示将 n 个圆盘从 A 借助 B 移到 C 中。

（2）move（1，A，C，B）表示将 1 个圆盘从 A 移到 B 中。

第一种情况：$n = 1$，将 A 中的①直接移动到 C move（1，A，B，C）（直接从一个柱子移动到另一个柱），如图 7.4 所示。

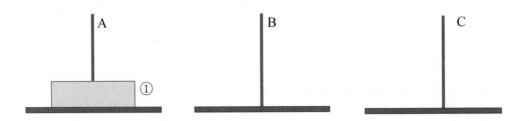

图 7.4　第一种情况

第二种情况：$n = 2$，分 3 步，如图 7.5 所示。

第一步：将①从 A 移动到 B，move（1，A，C，B）（直接从一个柱子移动到另一个柱子）。

第二步：将②从 A 移动到 C，move（1，A，B，C）（直接从一个柱子移动到另一个柱子）。

第三步：将①从 B 移动到 C，move（1，B，A，C）（直接从一个柱子移动到另一个柱子）。

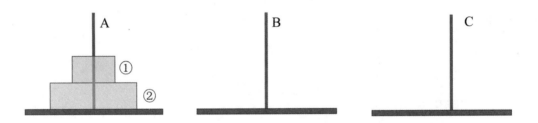

图 7.5　第二种情况

第三种情况：$n = 3$，分 3 步，如图 7.6 所示。

第一步：将①和②从 A 借助 C 移到 B，move（2，A，C，B）。

第二步：将③从 A 移到 C，move（1，A，B，C）（直接从一个子柱移动到另一个柱）。

第三步：将①和②从 B 借助 A 移到 C，move（2，B，A，C）。

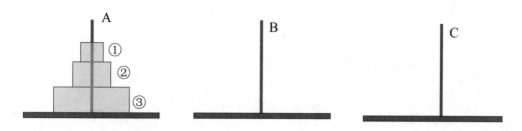

图 7.6 第三种情况

第四种情况：圆盘为 n 时，分 3 步。

第一步：将 A 中前 $n-1$ 个圆盘借助 C 移到 B，move（$n-1$，A，C，B）。

第二步：将 A 中的第 n 个圆盘移到 C 中，move（1，A，B，C）。

第三步：将 B 中的 $n-1$ 个圆盘借助 A 移到 C 中，move（$n-1$，B，A，C）。

那么第一步和第三步的实现又可以重复同样的思想，直到 $n-2$，$n-3$，…，3，2，1 就可以直接一步到位，如 move（1，A，B，C）。

此题使用递推也可以解决。

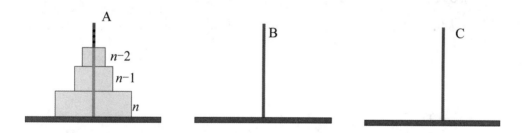

图 7.7 第四种情况

```cpp
#include <bits/stdc++.h>
using namespace std;
int a[1000],b[1000];

void move(int n, char A, char B, char C)
{
    if (n==1)
```

```
    {
        cout<<A<<"->"<<C<<endl;
        return;// 递归终止
    }
    move(n-1, A, C, B);// 将 n－1 个盘子从 A 移到 B
    cout<<A<<"->"<<C<<endl;
    move(n-1, B, A, C);// 将 n－1 个盘子从 B 移到 C
}
int main()
{
    char A='A', B='B', C='C';
    int n;
    cout<<" 请输入圆盘数量：";
    cin>>n;
    move(n, A, B, C);
    return 0;
}
```

六、模型迁移

1. 数的计算 [①]

【题目描述】

要求找出具有下列性质数的个数（包含输入的正整数 n）。先输入一个正整数 n（$n \le 1000$），然后对此正整数按照如下方法进行处理：

（1）不做任何处理。

（2）在它的左边加上一个正整数，但该正整数不能超过原正整数的一半。

（3）加上数后，继续按此规则进行处理，直到不能再加正整数为止。

---

① 见哈工科教云平台第 104326 号案例。

【输入格式】

输入一个正整数 n（$n \le 1\,000$）。

【输出格式】

输出一个整数，表示具有该性质数的个数。

【输入样例】

6

【输出样例】

6

2. 波兰表达式 [①]

【题目描述】

波兰表达式是一种把运算符前置的算术表达式，例如普通的表达式 $2+3$ 的波兰表示法 $+\ 2\ 3$。波兰表达式的优点是运算符之间不必有优先级关系，也不用括号，例如 $(2+3) 4$ 的波兰表达式为 $+\ 2\ 3\ 4$。本题求解波兰表达式的值，其中运算法只有 $\times$、$+$、$-$、$/$，每个数据最多不超过 100 个字符。

【输入格式】

输入数据有多组，每组一行表达式，运算符和运算数之间用空格表示，每行不超过 100 个字符。

【输出格式】

输出结果值。

【输入样例】

11.0 12.0 ＋ 24.0 35.0

---

① 见哈工科教云平台第 100496 号案例。

【输出样例】

1357.0

【学习建议】

递归是将问题分解为更小的子问题，并使用相同的解决方案来解决这些子问题。需要注意递归的两个关键部分：递归的终止条件和递归步骤。开始时，选择简单的递归问题，如阶乘、斐波那契数列等，来建立对递归的基本理解。学生需要学习并理解递归的基本模板，在解决问题时，思考如何使用递归的思想将问题分解为更小的部分。

第二节　分形问题——万丈高楼的快速搭建法

【教学提示】

分形是递归的应用，教师可以引入现实生活中分形的例子，如延绵的山川、漂浮的云朵等，让学生理解分形的概念。带领学生分析好题目中的整体和局部，充分理解分形的自相似、分数维性等性质，利用递归解决分形问题。

一、典型案例

迭代的图腾[①]

图腾标志在原始社会中起着重要的作用，它是最早的社会组织标志和象征。它具有团结群体、密切血缘关系、维系社会组织和互相区别的职能。有些图腾是由多个与之相似的更小的图腾元素组成，一直迭代组成了图腾标志，如图7.8～7.10所示。

---

① 见哈工科教云平台第 188969 号案例。

图 7.8 图腾元素　　　图 7.9 $N=2$ 时的图腾标志　　图 7.10 $N=3$ 时的图腾标志

请输入一个整数 N，画出对应的图腾标志。

二、案例结构分析

从问题中可以非常清晰地看出，n 阶的图腾是由更小的 $n-1$ 阶图腾构成的。这就是刚刚讲过的递归结构的突出特点。如本题目中的问题，就是典型的分形图。这种分形可以形象地让人感觉到递归的存在。解决这个问题，就要从递归结构的应用入手。

三、支撑模型

分形几何就是研究无限复杂但具有一定意义下的自相似图形和结构的几何学。图 7.11 所示的 Sierpinski 三角形就是本节的典型案例。

图 7.11 Sierpinski 三角形

它的规律是：把一个三角形分成 4 等份，挖掉中间那一份，然后继续对另外 3 个三角形进行同样的操作，并且无限地递归下去。

为了完成这样的操作，我们定义一个函数，其功能就是将一个三角形分成 4 等份，中间部分不采取操作，然后对另外 3 个三角形进行同样的操作。

步骤：

①确定递归结束条件。这里传入递归次数，每递归一次，递归次数减 1。递归结束的条件是递归次数为 0 时。

②第 n 次操作与 $n-1$ 次操作之间的关系。首先第 n 次操作就是画一个三角形，第 $n-1$ 次操作就是将每个三角形分成 4 个部分，中间部分不采取任何操作，其他 3 个部分仍然将每个三角形分 4 个部分，重复上述过程。

四、模型案例

模型案例一：分形[1]

【题目描述】

分形具有以非整数维形式充填空间的形态特征。通常被定义为"一个粗糙或零碎的几何形状，可以分成数个部分，且每部分都（至少近似地）是整体缩小后的形状"，即具有自相似的性质。

一个盒状分形定义如下：

度为 1 的盒分形为：

X

度为 2 的盒分形为：

X X

 X

X X

如果 $B(n-1)$ 表示 $n-1$ 度的盒分形，则 n 度的盒分形递归定义如下：

$B(n-1)$ $B(n-1)$

   $B(n-1)$

---

① 见哈工科教云平台第 180739 号案例。

$B\ (n-1)$　　　$B\ (n-1)$

请画出 n 度的盒分形的图形。

【题目分析及参考代码】

对于每一级输出左上角即可。对于 x 级，就是一个 $3^{(x-1)} \times 3^{(x-1)}$ 的正方形，每一级都是由 $n-1$ 级预处理出来的图形作为第 n 级的左上角部分，然后依次复制到其他 4 个部分。

```cpp
#include <bits/stdc++.h>
using namespace std;
bool a[750][750];
int cf(int n){
    int s=1;
    for(int i=1;i<=n;i++){
        s*=3;
    }
    return s;
}
void fx(int n,int x,int y){
    if(n==1){
        a[x][y]=1;
        return;
    }
    int b=cf(n-2)*2;
    fx(n-1,x,y);
    fx(n-1,x+b,y);
    fx(n-1,x+b/2,y+b/2);
    fx(n-1,x,y+b);
    fx(n-1,x+b,y+b);
    return;
```

```
}
int sum;
int main(){
    int n;
    while(cin>>n){
        if(n==-1) break;
        fx(n,1,1);
        for(int i=1;i<=cf(n-1);i++){
            for(int j=1;j<=cf(n-1);j++){
                if(a[i][j]==0) cout<<" ";
                else cout<<"X";
            }
            cout<<endl;
        }
        cout<<"-"<<endl;
    }
}
```

模型案例二：地毯填补问题 ①

【题目描述】

相传在一个古老的阿拉伯国家里有一座宫殿。宫殿里有一个正方形的格子迷宫，国王选择驸马的方法非常特殊，也非常简单：公主就站在其中一个方格上，只要谁能用地毯将除公主站立的方格外的所有方格盖上，美丽、漂亮、聪慧的公主就是他的妻子。公主所在方格不能用地毯盖住，毯子的形状有所规定，只能有 4 种选择，如图 7.12 所示。

---

① 见哈工科教云平台第 180740 号案例。

图 7.12 毯子的形状

并且每一方格只能用一层地毯，迷宫的大小为 $2^k \times 2^k$ 的正方形。当然，也不能让公主无限制地在那儿等，由于你使用的是计算机，所以实现时间为 1 秒。

【输入格式】

第一行为 k，给定被填补迷宫的大小为 $2^k \times 2^k$（$0 < k \le 10$）。

第二行为 x、y，给出公主所在方格的坐标（x 为横坐标，y 为纵坐标），x 和 y 之间用一个空格隔开。

【输出格式】

将迷宫填补完整的方案：每一补（行）为 x、y、c，其中 x、y 为毯子拐角的横坐标和纵坐标，c 为使用毯子的形状，具体见图 7.12，毯子形状分别用 1、2、3、4 表示，x、y、c 之间用一个空格隔开。

【输入样例】

3

3 3

【输出样例】

15 5 1

2 2 4

1 1 4

1 4 3

4 1 2

4 4 1

2 7 3

1 5 4

1 8 3

3 6 3

4 8 1

7 2 2

5 1 4

6 3 2

8 1 2

8 4 1

7 7 1

6 6 1

5 8 3

8 5 2

8 8 1

【题目分析及参考代码】

我们可以先考虑最简单的情况，当 $n = 2$ 时，无论公主在哪个格子，都可以用一块毯子填满。继续考虑 $n = 4$ 的情况，我们已经知道了解决 2×2 的格子中有一个障碍的情况如何解决，因此可以尝试构造这种情况，显然将 4×4 的盘面划分成 4 个 2×2 的小盘面，其中一块已经存在一个障碍了，而我们只需在正中间的 2×2 方格中放入一块地毯，就可以使所有小盘面都有一个障碍，于是，$n = 4$ 的情况就解决了。我们可以将 $n = 4$ 时的解法推广到一般情况，即当 $n = 2k$ 时，均可以将问题划分为 4 个 $n = 2(k - 1)$ 的子问题，然后用分治算法解决即可。

```cpp
#include <bits/stdc++.h>
using namespace std;
void solve(int x1, int y1, int x2, int y2, int n) {
  if(n==1) return ;
  if(x1-x2<(n>>1)) {
```

```
        if(y1-y2<(n>>1)) {
         cout<<(x2+(n>>1))<<' '<<(y2+(n>>1))<<' '<<1<<endl;
         solve(x1, y1, x2, y2, (n>>1));
         solve(x2+(n>>1)-1, y2+(n>>1), x2, y2+(n>>1), (n>>1));
         solve(x2+(n>>1), y2+(n>>1)-1, x2+(n>>1), y2, (n>>1));
         solve(x2+(n>>1), y2+(n>>1), x2+(n>>1), y2+(n>>1),
(n>>1));
        } else {
          cout<<(x2+(n>>1))<<' '<<(y2+(n>>1)-1)<<' '<<2 <<endl;
          solve(x2+(n>>1)-1, y2+(n>>1)-1, x2, y2, (n>>1));
          solve(x1, y1, x2, y2+(n>>1), (n>>1));
          solve(x2+(n>>1), y2+(n>>1)-1, x2+(n>>1), y2, (n>>1));
          solve(x2+(n>>1), y2+(n>>1), x2+(n>>1), y2+(n>>1),
(n>>1));
        }
      } else {
        if(y1-y2 < (n>>1)) {
         cout<<(x2+(n>>1)-1)<<' '<<(y2+(n>>1))<<' '<<3 <<endl;
         solve(x2+(n>>1)-1, y2+(n>>1)-1, x2, y2, (n>>1));
          solve(x2+(n>>1)-1, y2+(n>>1), x2, y2 + (n>>1), (n>>1));
          solve(x1, y1, x2+(n>>1), y2, (n>>1));
          solve(x2+(n>>1), y2+(n>>1), x2+(n>>1), y2+(n>>1),
(n>>1));
        } else {
           cout<<(x2+(n>>1)-1)<<' '<<(y2+(n>>1)-1)<<' '<<4
<<endl;
          solve(x2+(n>>1)-1, y2+(n>>1)-1, x2, y2, (n>>1));
          solve(x2+(n>>1)-1, y2+(n>>1), x2, y2+(n>>1), (n>>1));
```

```
        solve(x2+(n>>1), y2+(n>>1)-1, x2+(n>>1), y2, (n>>1));
        solve(x1, y1, x2+(n>>1), y2+(n>>1), (n>>1));
    }
  }
}
int main() {
    int k, x, y;
    cin>>k>>x>>y;
    solve(x, y, 1, 1, 1<<k);
    return 0;
}
```

五、典型案例参考代码

观察发现，以此为基础组成图形，也是 $n = 1$ 时的图腾。

```
 /\
/__\
```

将这个图形向右复制一个：

```
 /\··/\
/__\/__\
```

再向上复制一个，由 $n = 1$ 时的图腾生成了 $n = 2$ 时的图腾。

```
   /\
  /__\
 /\··/\
/__\/__\
```

以此类推，因为 $n - 1$ 规模的图腾可以生成 n 规模的图腾。

在这个问题中，小一阶的图腾用以构成更大阶数的图腾。

```
#include <bits/stdc++.h>
using namespace std;
```

```
char mp[1030][2050];      // 存储答案
int n;
void dr(int x,int y,int deep){    /*x,y 表示图形的第一个 "/"
的坐标, deep 表示所需图形的大小 */
    if(deep==1){              // 画出 n=1 的基本图形
        mp[x][y]='/';
        mp[x][y+1]='\\';
        mp[x+1][y-1]='/';
        mp[x+1][y]='_';
        mp[x+1][y+1]='_';
        mp[x+1][y+2]='\\';
        return;
    }
    dr(x,y,deep-1);                      // 递归分别画 3 个部分
    dr(x+pow(2,deep-1),y-pow(2,deep-1),deep-1);
    dr(x+pow(2,deep-1),y+pow(2,deep-1),deep-1);
}
int main(){
    cin>>n;
    for(int i=1;i<=pow(2,n);i++){        // 初始化
        for(int j=1;j<=pow(2,n+1);j++)
        mp[i][j]=' ';
    }
    dr(1,pow(2,n),n);
    for(int i=1;i<=pow(2,n);i++){    // 输出
        for(int j=1;j<=pow(2,n+1);j++)
        cout<<mp[i][j];
        cout<<endl;
```

```
        }
    }
```

六、模型迁移

1. 秘密代码 [①]

【题目描述】

小明在试验秘密代码，并设计了一种方法来创建一个无限长的字符串作为其代码的一部分使用。给定一个字符串，让后面的字符旋转一次（每次正确地旋转，最后一个字符都会成为新的第一个字符）。也就是说，给定一个初始字符串，之后的每一步都会增加当前字符串的长度。

给定初始字符串和索引，请帮助小明计算无限字符串中位置 N 的字符。

【输入格式】

第一行输入一个字符串。该字符串包含最多 30 个大写字母，数据保证 $N \leq 10^8$。

第二行输入 N。注意：数据可能很大，放进一个标准的 32 位整数可能不够，所以可能要使用一个 64 位的整数类型（例如，在 C/C++ 语言中是 long long）。

【输出描述】

根据给定初始字符串和索引，输出无限字符串中位置 N 的字符。第一个字符是 $N = 1$。

【输入格式】

COW 8

【输出格式】

C

---

① 见哈工科教云平台第 188970 号案例。

2. 放苹果[①]

【题目描述】

任何一个正整数都可以用 2 的幂次方表示。例如 $137 = 2^7 + 2^3 + 2^0$。同时约定方次用括号来表示，即 a^b 可表示为 $a(b)$。由此可知，137 可表示为 $2(7) + 2(3) + 2(0)$。

进一步：$7 = 2^2 + 2 + 2^0$（2^1 用 2 表示），并且 $3 = 2 + 2^0$。

所以最后 137 可表示为 $2(2(2)+2+2(0))+2(2+2(0))+2(0)$。

又如：$1\,315 = 2^{10} + 2^8 + 2^5 + 2 + 1$。

所以 1 315 最后可表示为 $2(2(2+2(0))+2)+2(2(2+2(0)))+2(2(2)+2(0))+2+2(0)$。

【输入格式】

输入一个正整数 n。

【输出格式】

输出符合约定的 n 的 0、2 表示（在表示中不能有空格）。

【输入样例】

1315

【输出样例】

$2(2(2+2(0))+2)+2(2(2+2(0)))+2(2(2)+2(0))+2+2(0)$

【学习建议】

　　分形算法和理论会有些复杂，需要时间和耐心来逐步掌握。首先研究书中案例分形图形，了解它们的生成原理和数学逻辑，深入理解自相似性和递归性的概念，这些是分形算法的核心。学生通过编写实际的分形算法程序，不断实践和巩固所学知识，尝试对经典的分形算法进行改进和创新。

---

① 见哈工科教云平台第 188971 号案例。

第八章 图的搜索算法
——优雅的枚举

在第四章的学习中，我们一起认识与体验了枚举算法。枚举算法的优势在于，通过将每种可能的情况进行列举、判断，可以保证解的完整性与准确性。对于线性空间，问题所有可能解的集合比较容易通过枚举遍历得到。但对于树或者图结构，则需要用一定的技巧来搜索整个问题解的空间。并且，在实际应用中可以进行优化：根据约束条件，排除不可能情况，称之为剪枝；保存中间过程的解，避免重复计算，称之为记忆化。依据搜索顺序的不同，可以将树及图上的搜索分为深度优先搜索（Depth First Search）和广度优先搜索（Breadth First Search）。本章就来一起学习搜索算法以及相应的优化技巧。

第一节 深度优先搜索——一往无前直至远方

【教学提示】

深度优先搜索算法的核心思想是重点，程序的编写则是难点。教师应先从典型案例入手，借助图示法引导学生逐步探索连通块的寻找过程，帮助学生理解深度优先搜索算法的核心思路。在程序编程方面，对于初学者来说存在着一定的困难，教师可考虑引导学生分析代码的框架，再让学生尝试自行补全和完善程序，帮助学生掌握深度优先搜索算法。基于多元案例，迁移应用，学生在实践的过程中掌握利用深度优先搜索算法解决问题的方法。

一、典型案例

花园方阵有几种[①]

周日天清气爽，小明和朋友们准备去开心庄园郊游。开心庄园新开了一个花卉小广场，广场由正方形小格子组成，每个小格子里摆放着一盆月季花或菊花。为了增加郊游的趣味性，花卉小广场开启了问答小游戏：每个摆放月季花的小格子，如果其上、下、左、右4个相邻的格子摆放的也是月季花，就可以组成一个小的月季花方阵。例如图8.1中就有4个月季花方阵。由于广场比较大，小明觉得仅靠自己来数效率太低，他想试试能不能用程序来完成这个工作。你能帮帮他吗？

图8.1　4个月季花方阵

二、案例结构分析

一共有多少个月季花方阵，显然可以尝试通过枚举法来解决，但此问题的关键在于要如何枚举呢？由于我们要查找的是月季花方阵，而不是总共有多少盆月季花，因此在枚举时找到一盆月季花后，还需要检查其上、下、左、右4四个方向是否摆放的是月季花，如果是，则它们属于同一个月季花方阵。之后，仍需要对其新加入的月季花再次寻找上、下、左、右4个方向是否存在月季花，依次类推。

那么，如何保证能够将属于同一方阵的月季花都找全呢？我们不妨考虑遍

---

① 见哈工科教云平台第188972号案例。

历花卉小广场的每一个格子，如果当前格子是月季花，则先选择向右的方向进行探索，直到不存在月季花之后再回到上一步的格子；接下来，再次选择向左的方向进行搜索，直到不存在月季花之后再回到上一步的格子选择下一个探索方向；依次类推，在完成全部格子的搜索后就可以将所有的月季花方阵都找出来了。

三、支撑模型

在解决问题的过程中，我们经常会使用到"一条道走到底，不撞南墙不回头"的方法，这就是算法中的深度优先搜索。图 8.2 所示为树和图的深度优先搜索过程。

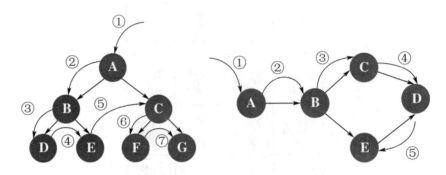

图 8.2　树和图的深度优先搜索过程

1. 深度优先算法的基本思路

深度优先算法遵循的思想是尽可能地"深"，从初始结点出发，按照顺序先选择一种可能的情况向前探索，直到发现探索到的结点不符合要求时，回到上一个结点，再从其他可能的情况继续探索。如此反复，直到把每个结点都按照规则扩展，搜索完全部的结点，即可求出最终的解或者证明解不存在。

2. 深度优先算法的基本框架

深度优先算法的基本框架如下所示，其中参数 k 表示搜索到第几步（根据题意而定）。按照搜索的顺序或范围依次判断是否满足要求，如果满足，则将结果保存，并继续向下一步开展搜索，一直反复操作，直到达到目标求出解或者在完成搜索后发现没有解。

```
void dfs(int k)
{
    if( 到达目标 ) 输出解并返回 ;
    for( 搜索顺序或范围 )
    {
        if( 满足条件 )
        {
            保存结果
            dfs(k+1); // 搜索下一步
        }
    }
}
```

四、模型案例

模型案例：油田 [1]

【题目描述】

地质探测公司负责探测地下石油资源，每次在一块矩形的区域上查找。探测人员将这块矩形区域分成了 $N \times M$ 个正方形小块，然后对每个正方形小块分别进行分析，并为每个小块都做一个标记，如果一个小块地下发现有石油，就用 "@" 标记，否则用 "*" 标记。如果两个含有石油的小块是相邻的，那么它们属于同一块石油地，这里的相邻包括水平、垂直或者对角相邻。给定一块已经标记过的矩形区域，你的任务是找出这块区域上的石油地的块数。

【输入格式】

本题有多组输入数据。

对于每组输入数据，第一行输入两个数 M、N（$1 \leqslant M, N \leqslant 100$）。

---

① 见哈工科教云平台第 188973 号案例。

接下来是 M 行，每行含有 N 个字符，每个字符要么是"@"，要么是"*"。

【输出格式】

对于每组数据，输出一行，包含一个整数，表示石油地的块数。

【输入样例】

```
1 1
*
3 5
*@*@*
**@**
*@*@*
1 8
@@****@*
5 5
****@
*@@*@
*@**@
@@@*@
@@**@
0 0
```

【输出样例】

```
0
1
2
2
```

【题目分析及参考代码】

求石油地的块数，其实就是检查每个石油块的 8 个方向还存在多少块石油地，即每个 "@" 的 8 个方向有多少个 "@"，这样就可以利用深度优先搜索的思想。在搜索时要考虑这样一个问题：如何避免每个 "@" 被重复计数呢？这样就需要用到标记数组，当符合条件被纳入当前石油块时，需要将其标记为已访问。

```cpp
#include <bits/stdc++.h>
using namespace std;

int dx[9]={0,1,1,0,-1,-1,-1,0,1};//8个方向
int dy[9]={0,0,1,1,1,0,-1,-1,-1};
char map[105][105];
bool vis[105][105];
int n,m,ans;

// 深度优先搜索
void dfs(int x,int y)
{
  for(int i=1;i<=8;i++)
  {
    int nx=x+dx[i];
    int ny=y+dy[i];
    if(nx>=1&&ny>=1&&nx<=n&&ny<=m&&vis[nx][ny])//防止越界
    {
      vis[nx][ny]=0;
      dfs(nx,ny);
    }
  }
}
```

```
}

int main()
{
  while(cin>>n>>m)
  {
    if(m==0&&n==0) break;
    ans=0;
    memset(vis,0,sizeof(vis));
    for(int i=1;i<=n;i++){
      for(int j=1;j<=m;j++){
          cin>>map[i][j];
          if(map[i][j]=='@')vis[i][j]=true;
      }
    }
    for(int i=1;i<=n;i++){
      for(int j=1;j<=m;j++){
          if(vis[i][j]){
                ans++;
                dfs(i,j);
          }
      }
    }
    cout<<ans<<endl;
  }
  return 0;
}
```

五、典型案例参考代码

在典型案例中，因为问题情景的不同，面对的问题略有变化。从石油钻井的 8 个方向的连接区间，转为 4 个方向的连接区间。对待各种各样的问题，都要能够从中找到可以迁移的位置，也就是相同点和不同点。这样才能够更好地发展算法模型的应用能力。

```cpp
#include <bits/stdc++.h>
using namespace std;
const int N=105;
int n, m, ans;
char a[N][N];
bool vis[N][N];
int dx[4]={0,0,1,-1};
int dy[4]={1,-1,0,0};

void dfs(int x, int y)
{
  for(int i=0; i < 4; ++i)
  {
    int newx=x+dx[i];
    int newy=y+dy[i];
    if(newx>=1&&newx<=n&&newy>=1&&newy<=m&&vis[newx][newy]==false&&a[newx][newy]=='y')
    {
      vis[newx][newy]=true;
      dfs(newx, newy);
    }
  }
}
```

```
int main()
{
  cin>>n>>m;
  for(int i=1; i<=n; ++i)
    for(int j=1; j<=m; ++j)
      cin>>a[i][j];
  for(int i=1; i<=n; ++i)
    for(int j=1; j<=m; ++j)
    {
      if(a[i][j]=='y'&&vis[i][j]==false)
      {
        vis[i][j]=true;
        dfs(i, j);
        ans++;
      }
    }
  cout<<ans;
  return 0;
}
```

六、模型迁移

1. 填涂颜色[①]

【题目描述】

在由数字 0 组成的方阵中有一任意形状闭合圈，闭合圈由数字 1 构成，围圈时只走上、下、左、右 4 个方向。现要求把闭合圈内的所有空间都填写成 2。例如：6×6 的方阵（$n = 6$），涂色前和涂色后的方阵如下：

———————

① 见哈工科教云平台第 100214 号案例。

```
000000          000000
001111          001111
011001          011221
110001          112221
100001          122221
111111          111111
```

【输入格式】

每组测试数据第一行为一个整数 n（$1 \leqslant n \leqslant 30$）。

接下来 n 行为由 0 和 1 组成的 $n \times n$ 的方阵。

方阵内只有一个闭合圈，圈内至少有一个 0。

【输出格式】

输出已经填好数字 2 的完整方阵。

【输入样例】

```
6
000000
001111
011001
110001
100001
111111
```

【输出样例】

```
000000
001111
011221
112221
122221
```

1 1 1 1 1 1

2. 扫雷[①]

【题目描述】

小路最近迷上了扫雷。可是他一直对自己的效率很发愁，上网看了那些高手录像很受震撼。所以他请来了擅长编程的你，帮他分析一张 $n \times m$ 大小的扫雷地图，计算出只用左键最少多少次就可以完成这次游戏。他从扫雷网站上了解到，这个其实就是这张图的 3BV，他做了如下解释。

3BV: Bechtel's Board Benchmark Value（对 3BV 文面有详细介绍）

每局将所有非雷的方块点开所需最少左键点击数，是目前普遍用来评估局面难易程度的数据。

3BV 是在扫雷中最重要的术语之一。为了方便读者理解，特在此举例介绍。

3BV 可以这样理解：每个连续的无数字区域，以及紧贴的数字方格计为 1 个 3BV，按此逻辑在盘面上计算所有连续的区域后，所有剩下的数字方格都计为 1 个 3BV。

图 8.3（a）的 3BV = 1。因为只有一个无数字区域，而所有的数字都和这个区域紧贴。也就是说，鼠标只要点在这个无数字区域，一次点击就可以完成游戏。

图的 8.3（b）3BV = 8，因为有 3 个数字和无数字区域不紧贴，需要分开计算。也就是说，鼠标至少要点 8 次才可以完成游戏。

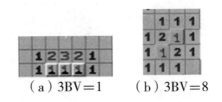

（a）3BV = 1　　（b）3BV = 8

图 8.3　3BV

【输入格式】

第一行是 n 和 m，表示这张图的行数和列数。

---

① 见哈工科教云平台第 180741 号案例。

从第二行开始往下 n 行是这张地图。"*"表示地雷，"."表示空地，数字未标出。

【输出格式】

输出一个整数，即为这张图的 3BV。

【输入样例】

3 4

..*.

*...

....

【输出样例】

5

【数据范围】

对于 100% 的数据，有 $1 \leqslant n, m \leqslant 50$。

【学习建议】

深度优先搜索算法的难点在于 dfs() 函数的编写，尤其是其中参数的确定。同学在编写时，可先从问题出发，根据问题的需要选择一个或者几个参数。建议除了练习本节中的案例模型，在哈工科教平台中增加练习，熟悉深度优先搜索算法的框架。

第二节 深搜与回溯——标记路径，更好地找到方向

【教学提示】

教师可从回顾上节课的案例出发，引出本节课的典型案例，鼓励学生发现本节课与上节课问题的异同点，从而引出回溯算法。在学习回溯算法时，

教师可借助图示法绘制出整个搜索过程，帮助学生更好地理解和掌握这部分内容。在编写程序时，教师可着重强调回溯程序编写的位置。

一、典型案例

移动棋的攻防 [①]

小明和小军在玩一款移动棋的游戏，游戏规则如下：在一个 10×10 的方格棋盘中，存在着若干个障碍方块。作为攻方的小明可以任意选择其中一个非障碍的方格作为起点，而作为守方的小军也可以选择任意其中一个非障碍的方格作为终点。守方一旦选定位置就不可以再修改，攻方棋子可以每次向上、下、左、右 4 个方向移动一步。当攻方在 10 步以内可以走到守方时，则代表攻防胜，否则代表守方胜。现在已知棋盘中的障碍方块位置和攻守防棋子位置，小明想算一算，自己能否获胜？

二、案例结构分析

通过对深度优先搜索算法的学习，我们很容易想到可以从攻方棋子的起点出发，先选择一个方向进行探索，当遇到死胡同时再返回上一格，向另一个方向继续探索，直到到达守方所在的标点时统计走过的步数。在第一节的案例中，我们在计算石油块时，为了避免重复计算，每找到一个就要对其进行标记，保证每个格子只属于一个石油块。那么对于移动棋游戏，每个格子也只能属于一条路径吗？

如图 8.4 所示，当从 (1,1) 出发先向下探寻时，会依次走到 (2,1)、(3,1)，此时两个格子分别会被标记成走过。走到 (3,1) 时发现进入死胡同，则返回 (2,1)。如果按照连通块标记的方法，此时 (3,1)、(2,1) 已经被标记，那么路径结束，无法再到达 (2,2)。并且，(3,1)、(2,1) 已经被记录在路径中，但显然 (3,1) 一定不是通路中的格子。这种情况应该怎么办呢？如何保证每个格子在重新寻找路径时还能再使用呢？

---

① 见哈工科教云平台第 188974 号案例。

（1，1）	障碍
（2，1）	（2，2）
（3，1）	障碍

图 8.4　移动棋游戏

三、支撑模型

1. 搜索与回溯的概念

依据上述分析，我们发现一旦遇到死胡同，就需要回退到上一个格子，从另一个方向出发，并且将之前试探过不符合要求的格子从路径中移出，保证之后可以再用，这种不断前进、不断回退的方法就称为回溯法。

2. 搜索与回溯的框架

与深度优先搜索的思路相同，回溯法是在其基础上增加了一步回退的功能，即将其标记恢复为原始状态。

```
int dfs(int k)
{
    if( 到达目标）输出解并返回；
    for( 搜索顺序或范围）
    {
        if( 满足条件）
        {
            保存结果
            dfs(k+1);  // 搜索下一步
            恢复之前状态（回溯一步）
        }
    }
}
```

四、模型案例

模型案例一：全排列[1]

【题目描述】

输出自然数 1 到 n 所有不重复的排列，即 n 的全排列，要求所产生的任一数字序列中不允许出现重复的数字。

【输入格式】

输入一个整数 n（$1 \leqslant n \leqslant 8$）。

【输出格式】

输出由 $1 - n$ 组成的所有不重复的数字序列，每行一个序列。

每个数字保留 5 个场宽。

【输入样例】

3

【输出样例】

```
1    2    3
1    3    2
2    1    3
2    3    1
3    1    2
3    2    1
```

【题目分析及参考代码】

全排列是一道非常经典的搜索题目，其结果是要形成若干个包含 n 个元素的序列，序列中每个位置上的元素可以是 $1 - n$，且每个位置的数不一样。以 3 为例，我们来看看搜索与回溯的过程。

---

① 见哈工科教云平台第 100728 号案例。

1. 第一个序列 [1，2，3] 的搜索过程

$a[1]$ 可从 [1，2，3] 中选择，按照顺序先选择 1，此时 1 被标记为已选择（flag [1] = 1）；接下来 $a[2]$ 可从 [2，3] 中选择，按照顺序先选择 2，此时 2 被标记为已选择（flag [2] = 1）；最后 $a[3]$ 可以从 [3] 中选择，此时 3 被标记为已选择（flag [3] = 1）。此时选择数字的个数已经为 3，那么本趟序列选择结束，输出对应的结果，见表 8.1。

表 8.1　第一序列 [1，2，3] 的搜索过程

选择数字个数	待选数字	$a[1]$	$a[2]$	$a[3]$
1	1 2 3	1		
2	2 3	1	2	
3	3	1	2	3

2. 第二个序列 [1，3，2] 的搜索过程

在第一个序列搜索结束时，我们已经按照 [1，2，3] 的选择搜索完成。接下来要回到上一格考虑 [2，3] 中选 3 的情况，因此再完成上一次搜索时要将 3 恢复初始标记（flag [3] = 0），以保证下一轮搜寻时可以选择它，这就是回溯的过程，即将其恢复初始状态，见表 8.2。

表 8.2　第二序列 [1，3，2] 的搜索过程

选择数字个数	待选数字	$a[1]$	$a[2]$	$a[3]$
1	1 2 3	1		
2	2 3	1	3	
3	2	1	3	2

3. 第三个序列 [2，1，3] 的搜索过程

在第二个序列搜索结束时，我们已经将 $a[2]$ 可选择的所有情况都搜索完成。因此回溯到 $a[1]$，选择 2 这种新情况再继续开展搜索。依次类推，直到把每个位置的数字都搜索完成，则可以输出全排列，见表 8.3。

表 8.3　第三序列 [2，1，3] 的搜索过程

选择数字个数	待选数字	$a[1]$	$a[2]$	$a[3]$
1	1 2 3	2		
2	1 3	2	1	
3	3	2	1	3

```cpp
#include <bits/stdc++.h>
using namespace std;
const int N=10;
int a[N];
int n;
bool flag[N];

void dfs(int k){
  if(k>n){
    for(int i=1;i<=n;i++) cout<<a[i]<<" ";
    cout<<endl;
    return ;
  }
  for(int i=1;i<=n;i++){
    if(flag[i]==0){
      a[k]=i;
      flag[i]=1;
      dfs(k+1);
      flag[i]=0;
    }
  }
}
```

```
int main(){
  cin>>n;
  dfs(1);
  return 0;
}
```

模型案例二：八皇后[①]

【题目描述】

一个如图 8.5 所示的 6 × 6 跳棋棋盘，有 6 个棋子被放置在棋盘上，使得每行、每列有且只有一个，每条对角线（包括两条主对角线的所有平行线）上至多有一个棋子。

```
0   1   2   3   4   5   6
  -------------------------
1 |   | O |   |   |   |   |
  -------------------------
2 |   |   |   | O |   |   |
  -------------------------
3 |   |   |   |   |   | O |
  -------------------------
4 | O |   |   |   |   |   |
  -------------------------
5 |   |   | O |   |   |   |
  -------------------------
6 |   |   |   |   | O |   |
  -------------------------
```

图 8.5　6 × 6 跳棋棋盘

上面的布局可以用序列 2 4 6 1 3 5 来描述，第 i 个数字表示在第 i 行的相应位置有一个棋子，如下：

行号 1 2 3 4 5 6

列号 2 4 6 1 3 5

① 见哈工科教云平台第 100271 号案例。

这只是棋子放置的一个解。

请编写一个程序，找出所有棋子放置的解，并把它们以上面的排序方法输出，解按字典顺序排列。请输出前 3 个解。最后一行是解的总个数。

【题目分析及参考代码】

八皇后是一道非常经典的搜索回溯题目。由题目可知，6 个棋子放置后，每行只有一个棋子，每列只有一个棋子，每条对角线也只有一个棋子。基于此，我们是否可以考虑搜索每个棋子能够放置的位置，当放置一个棋子以后将同行、同列、同对角线的位置进行标记，以确定下一个棋子可放置的位置。当遇到无法满足放置需求时，回退至上一步尝试新的选择，即回溯。

从第一个皇后出发，其位置可以从第一个格子开始摆放。确定好第一个皇后的位置之后，与其处于同行同列同斜线的位置便都无法被选择，第二个皇后只能放在未被第一个皇后所辐射到的位置上，接着放置第三个皇后，同样不能放在被前两个皇后辐射到的位置上，若此时已经没有未被辐射的位置能够被选择，也就意味着这种摆法是不可行的，我们需要回退到上一步，给第二个皇后重新选择一个未被第一个皇后辐射的位置，再来看是否有第三个皇后可以摆放的位置，如果还是没有，则再次回退至选择第二个皇后的位置，若第二个皇后也没有更多的选择，则回退到第一个皇后的位置，重新进行位置的选择。

```cpp
#include <bits/stdc++.h>
using namespace std;
int a[100],b[100],c[100],d[100];
int ans;
int n;

int print()
{
    if(ans<=2)
    {
        for(int k=1;k<=n;k++)  cout<<a[k]<<" ";
```

```
        cout<<endl;
    }
    ans++;
}


void dfs(int i)// 搜索与回溯主体
{
    if(i>n)
    {
        print();// 输出函数，自己写的
        return;
    }
    else
    {
        for(int j=1;j<=n;j++)// 尝试可能的位置
        {
            if((!b[j])&&(!c[i+j])&&(!d[i-j+n]))
            {
                a[i]=j;
                b[j]=1;
                c[i+j]=1;
                d[i-j+n]=1;
                dfs(i+1);
                b[j]=0;
                c[i+j]=0;
                d[i-j+n]=0;
            }
        }
```

```
        }
    }
    int main()
    {
        cin>>n;
        dfs(1);
        cout<<ans;
        return 0;
    }
```

五、典型案例参考代码

参考回溯的模型，典型案例也可以在选择路径的同时进行标记，以确保同样的位置在一次搜索的过程中不会用两遍，再通过回溯的环节进行控制释放。

```cpp
#include <bits/stdc++.h>
using namespace std;

int map[11][11],vis[11][11];
int step;
int ans=1000;
int x1,y1,x2,y2;
int dx[4]={1,0,-1,0};
int dy[4]={0,1,0,-1};

void dfs(int x,int y,int step){
  if(x==x2&&y==y2){
    if(step<ans) ans=step;
    return;
  }
```

```
  for(int i=0;i<4;i++){
    int nx=x+dx[i];
    int ny=y+dy[i];
    if(map[nx][ny]==1&&vis[nx][ny]==0){
      vis[nx][ny]=1;
      dfs(nx,ny,step+1);
      vis[nx][ny]=0;
    }
  }
}


int main(){
  for(int i=1;i<=10;i++){// 输入迷宫地图坐标
    for(int j=1;j<=10;j++){
      cin>>map[i][j];
    }
  }
  cin>>x1>>y1>>x2>>y2;
  vis[x1][y1]=1;
  dfs(x1,y1,step);
  if(ans<=10) cout<<" 攻方胜 ";
  else cout<<" 守方胜 ";
  return 0;
}
```

【思维拓展】

此问题如果不采用回溯的手段，也可以通过增加到达每个位置的最小步数的方式解决。但是，采用回溯模型的好处在于，如果再增加一个辅助数组，就可以真正地记录这条"进攻"路线。请尝试记录路线，完成程序改造。

六、模型迁移

1. 选数[①]

【题目描述】

已知 n 个整数 x_1，x_2，$\cdots$，x_n，以及 1 个整数 k（$k < n$）。从 n 个整数中任选 k 个整数相加，可分别得到一系列的和。例如，当 $n = 4$，$k = 3$，4 个整数分别为 3、7、12、19 时，可得全部的组合与它们的和为

$3 + 7 + 12 = 22$

$3 + 7 + 19 = 29$

$7 + 12 + 19 = 38$

$3 + 12 + 19 = 34$

现在要求你计算出和为素数共有多少种。

例如上例，只有一种的和为素数：$3 + 7 + 19 = 29$。

【输入格式】

第一行为两个整数 n、k（$1 \leqslant n \leqslant 20$，$k < n$），中间用空格隔开。

第二行为 n 个整数，分别为 x_1，x_2，$\cdots$，x_n（$1 \leqslant x_i \leqslant 5 \times 10^6$）。

【输出描述】

输出一个整数，表示种类数。

【输入格式】

4 3

3 7 12 1

【输出格式】

1

2. 细胞数量[②]

【题目描述】

一矩形阵列由数字 0 到 9 组成，数字 1 到 9 代表细胞，细胞的定义为沿细

---

① 见哈工科教云平台第 104334 号案例。
② 见哈工科教云平台第 100498 号案例。

胞数字的上、下、左、右，若还是细胞数字，则为同一细胞，求给定矩形阵列的细胞个数。

【输入格式】

第一行为两个整数 n 和 m，代表矩阵大小。

接下来 n 行，每行一个长度为 m 且只含字符 0 到 9 的字符串，代表这个 $n \times m$ 的矩阵。

【输出格式】

输出一个整数，代表细胞个数。

【输入样例】

4 10
0234500067
1034560500
2045600671
0000000089

【输出样例】

4

【数据范围】

对于 100% 的数据，有 $1 \leqslant n$，$m \leqslant 100$。

【学习建议】

在搜索过程中，当存在若干个解时，往往要使用回溯。建议学生从迷宫寻路的问题出发，当迷宫只有一条路径和存在多条路径时，分析回溯和不回溯的区别，从而更好地掌握回溯与不回溯的方法。在问题解决时，深度优先搜索算法往往会与回溯算法一同使用，建议在哈工科教云平台上练习深度优先搜索的题目，巩固对深搜与回溯算法的理解和掌握。

第三节　广度优先搜索——层层递进，
最优方案就在眼前

一、典型案例

胜利的最少步数 [1]

　　在第二节的案例中，我们用深度优先搜索解决了这样一个游戏问题：小明和小军在玩一款移动棋的游戏，游戏规则如下：在一个 10×10 的方格棋盘中，存在着若干个障碍方块。作为攻方的小明可以任意选择其中一个非障碍的方格作为起点，而作为守方的小军也可以选择任意其中一个非障碍的方格作为终点。守方一旦选定位置就不可以再修改，攻方棋子可以每次向上、下、左、右 4 个方向移动一步。当攻方在 10 步以内可以走到守方时，则代表攻防胜，否则代表守方胜。现在已知棋盘中的障碍方块位置和攻守防棋子位置，小明不仅想赢，还想知道自己走到守方至少需要几步？你能帮帮他吗？

二、案例结构分析

　　对于求解这种从起点到终点是否存在路径的问题，基于前两节的学习，我们可以采用深度优先搜索算法，即从一个方向先行探索，不行再回退换另一个方向。如图 8.6 所示，若按照深度优先，那么要从 A 出发探索到 H，再从 H 回退到 B，从 B 向右探索才能找到终点 I。若要求最少步数，我们就需要比较所有路径所走的步数，最终求出最小值。

起点 A

B	终点 I
C	
D	
E	
F	
G	
H	

图 8.6　深度优先

那么除了以深度优先的搜索方式还有没有其他搜索方式呢？如果我们从 B 直接向右探索呢？我们走到终点 I 只用两步就找到了一条通路，也找到了最短距离。因此，我们是不是也可以考虑先把一个格子的 4 个方向都向前探索一步呢？

三、支撑模型

1. 广度优先搜索的概念

对于这种把每个结点能够到达的下一个结点都先访问一遍的思路，就称为广度优先搜索算法。与深度优先搜索不同，广度优先搜索以"广"作为关键词，一层层地开展搜索过程。图 8.7 为树型结构的广度优先搜索过程。

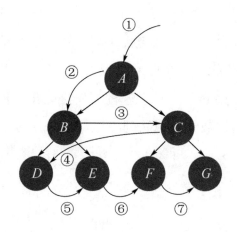

图 8.7　树型结构的广度优先搜索过程

如图 8.8 所示，起点是 A，终点是 K，广度优先搜索的过程如下：

（1）访问第一层结点 A，发现结点 A 能够到达结点 B，即第二层有一个结点 B。

（2）访问第二层结点 B，发现结点 B 能够到达结点 C 和结点 K，即第三层有 C 和 K 两个结点。

（3）访问第三层结点 C，发现结点 C 能够到达结点 D 和结点 J，即第四层有 D 和 J 两个结点。

（4）访问第三层结点 K，发现是终点，搜索结束，那么走到终点。

可以看出，从结点 A 走到结点 K 只需要两步就能到达，这也是最少的步数。

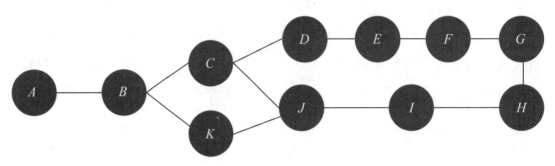

图 8.8　广度优先搜索过程

广度优先搜索通常用来求解最优解的问题，例如最少步骤到达、最少代价等问题。如果两个点可以相互到达，则要在广度优先搜索中注意结点的重复问题，如果一个结点已经被访问过，则做标记，防止重复访问而造成死循环。

2. 广度优先搜索的基本框架

通过上述分析可以看出，访问结点 A 加入第二层的结点 B 后，结点 A 就可以不用再考虑了；访问完结点 B 加入结点 C 和结点 K 以后，结点 B 也不用再考虑了，即"先访问先抛弃"。对于这种"先进先出"的数据，通常我们会采用队列来存储。可以通过数组模拟队列，也可以采用 STL 提供的队列 queue。

```cpp
#include<queue>
// 创建队列 q，用来存储结点
queue<int> q;
void BFS(int A){
// 将起点 A 加入队列
```

```
    q.push(A);
    // 依次取出队首元素，将从本元素可到达的元素加入队列
    while(!q.empty()){
       if( 到达终点 / 满足条件 ) return;
    取出队首元素 q.front();
    查找队首元素可以到达的下一层，并将其入队；
    队首元素出队；
    }
    }
```

四、模型案例

模型案例：八面威风象棋马[1]

【题目描述】

象棋有着悠久的历史，是中国传统文化瑰宝之一。象棋是一种两人对抗的棋类游戏，源于两军对垒的战阵，形成了"将""相""马""车""炮""士"等棋子。其中，"马"可进可退，行走规则为"马走日"，一次可选择周围的8个点，故也有"八面威风"之说。

现有一个 $n \times m$ 的棋盘，在某个点 (x, y) 上有一个马，要求你计算出马到达棋盘上任意一个点最少要走几步。

【输入格式】

输入 4 个整数，分别为 n、m、x、y。

【输出格式】

输出一个 $n \times m$ 的矩阵，代表马到达某个点最少要走几步（若不能到达，则输出 -1）。

---

① 见哈工科教云平台第 100491 号案例。

【输入样例】

3 3 1 1

【输出样例】

0　3　2

3　–1　1

2　1　4

【数据范围】

对于 100% 的数据，有 $1 \leqslant x \leqslant n \leqslant 400$，$1 \leqslant y \leqslant m \leqslant 400$。

【题目分析及参考代码】

与迷宫类似，马的遍历可以采用广度优先搜索来解决，其区别在于每个结点的搜索从 4 个方向改为 8 个方向，见表 8.4。

表 8.4　马的遍历

	$(x-2, y-1)$		$(x-2, y+1)$	
$(x-1, y-2)$				$(x-1, y+2)$
		(x, y)		
$(x+1, y-2)$				$(x+1, y+2)$
	$(x+2, y-1)$		$(x+2, y+1)$	

```cpp
#include <bits/stdc++.h>
using namespace std;
int m, n, x, y;
int dx[8]={1, 2, 2, 1, -1, -2, -2, -1};
int dy[8]={-2, -1, 1, 2, 2, 1, -1, -2};
int vis[500][500];
struct node {
    int x, y, step;
};
```

```
queue<node> q;

void bfs(int a, int b) {
  memset(vis, -1, sizeof(vis));
  vis[a][b]=0;
  // 将起点放入队列
  q.push((node) {a, b, 0});
  // 队列不为空，代表还没搜索完，继续搜索
  while (!q.empty()) {
    node nd=q.front();
    q.pop();
    for (int i=0; i<=7; i++) {
      int nx=nd.x+dx[i];
      int ny=nd.y+dy[i];
      if (nx>=1&&nx<=n&&ny>=1&&ny<=m&&vis[nx][ny]==-1) {
        vis[nx][ny]=nd.step+1;
        q.push((node) {nx, ny, nd.step+1});
      }
    }
  }
}

int main() {
  cin>>n>>m>>x>>y;
  bfs(x, y);
  for (int i=1; i<=n; i++) {
    for (int j=1; j<=m; j++)
      cout<<setw(5)<<left<<vis[i][j];
```

```
        cout<<endl;
    }
    return 0;
}
```

五、典型案例参考代码

参考回溯的模型，典型案例也可以在选择路径的同时进行标记，以确保同样的位置在一次搜索过程中不会用两遍。再通过回溯环节进行控制释放。

```cpp
#include <bits/stdc++.h>
using namespace std;

int n,m;
char map[20][20];
int vis[20][20];
int dx[4]= {1, 0, 0, -1};
int dy[4]= {0, 1, -1, 0};

struct node{
    int x;int y;int step;
}s;
queue<node> q;

int main ()
{
    cin>>n>>m;
    for(int i=0;i<n;i++)
      for(int j=0;j<m;j++)
      cin>>map[i][j];
```

```
    s.x=0;
    s.y=0;
    s.step=0;
    q.push(s);
    vis[0][0]=1;
    while(!q.empty())
    {
        if(q.front().x==n-1&&q.front().y==m-1)
        {
            cout<<q.front().step;
            return 0;
        }

        for(int i=0;i<4;i++)
        {
            int nx=q.front().x+dx[i];
            int ny=q.front().y+dy[i];
            int nstep=q.front().step+1;
                if(nx<0||ny<0||nx>=n||ny>=m||map[nx]
[ny]=='1'||vis[nx][ny]==1)
            {
                continue;
            }
            vis[nx][ny]=1;
            s.x=nx;
            s.y=ny;
            s.step=nstep;
            q.push(s);
```

```
            }
            q.pop();
        }
    }
}
```

六、模型迁移

1. 面积 [1]

【题目描述】

编程计算由"*"号围成的下列图形的面积。图形面积的计算方法是统计"*"号所围成的闭合曲线中水平线和垂直线交点的数目。如图8.9所示，在10×10的二维数组中，"*"围住了15个点，因此面积为15。

```
0 0 0 0 0 0 0 0 0 0
0 0 0 0 * * * 0 0 0
0 0 0 0 * 0 0 * 0 0
0 0 0 0 0 * 0 0 * 0
0 0 * 0 0 0 * 0 * 0
0 * 0 * 0 * 0 0 * 0
0 * 0 0 * * 0 * * 0
0 0 * 0 0 0 0 * 0 0
0 0 0 * * * * * 0 0
0 0 0 0 0 0 0 0 0 0
```

图 8.9   10×10 数组

【输入格式】

0 0 0 0 0 0 0 0 0 0

0 0 0 0 1 1 1 0 0 0

0 0 0 0 1 0 0 1 0 0

0 0 0 0 0 1 0 0 1 0

0 0 1 0 0 0 1 0 1 0

0 1 0 1 0 1 0 0 1 0

<hr />

① 见哈工科教云平台第 110097 号案例。

0 1 0 0 1 1 0 1 1 0

0 0 1 0 0 0 0 1 0 0

0 0 0 1 1 1 1 1 0 0

0 0 0 0 0 0 0 0 0 0

【输出格式】

15

2. 奇怪的电梯 [①]

【题目描述】

有一天，我做梦梦见了一个很奇怪的电梯：大楼的每层楼都可以停电梯，而且第 i 层楼（$1 \leq i \leq N$）上有一个数字 K_i（$0 \leq K_i \leq N$）。电梯只有 4 个按钮，分别为开、关、上、下。上下的层数等于当前楼层上的那个数字。当然，如果不能满足要求，相应的按钮就会失灵。例如：3、3、1、2、5 代表了 K_i（$K_1 = 3$，$K_2 = 3$，…），从 1 楼开始。在 1 楼，按"上"可以到 4 楼，按"下"是不起作用的，因为没有 -2 楼。那么，从 A 楼到 B 楼至少要按几次按钮呢？

【输入格式】

第一行为 3 个用空格隔开的正整数 N、A、B（$1 \leq N \leq 200$，$1 \leq A$，$B \leq N$）。

第二行为 N 个用空格隔开的非负整数 K_i。

【输出格式】

输出最少按键次数，若无法到达，则输出 -1。

【输入样例】

5 1 5

3 3 1 2 5

[①]　见哈工科教云平台第 100187 号案例。

【输出样例】

3

【数据范围】

对于 100% 的数据，有 $1 \leq N \leq 200$，$1 \leq A$，$B \leq N$，$0 \leq K_i \leq N$。

3. 棋盘游戏 [①]

【题目描述】

在一个 4×4 的棋盘上有 8 个黑棋和 8 个白棋，当且仅当两个格子有公共边，这两个格子上的棋是相邻的。移动棋子的规则是交换相邻两个棋子。给出一个初始棋盘和一个最终棋盘，请找出一个最短的移动序列，使初始棋盘变为最终棋盘。

【输入格式】

前 4 行，每行 4 个数字（1 或者 0），描述初始棋盘。

接着是一个空行。

第六行到第九行，每行 4 个数字（1 或者 0），描述最终棋盘。

【输出格式】

输出一个整数 n，表示最少的移动步数。

【输入样例】

1111

0000

1110

0010

1010

0101

---

① 见哈工科教云平台第 108085 号案例。

1010

0101

【输出样例】

4

【学习建议】

广度优先搜索的算法核心在于先向每个方向都前进一步，采用队列实现。建议学生在学习本节内容之前，先学习或者回顾队列的相关知识，了解 STL 中队列的常见函数，便于理解使用广度优先算法编程实现的方法。除了完成本节的案例题目，学生可尝试继续完成哈工科教云平台 110183 号案例等，加强对广度优先搜索算法的掌握。

第九章 动态规划初步
——从已知到未知

利用计算机获取结果，有很多种方式。在前面的学习中，有很多的思想及具体的算法，能够为问题的解决提供很好的参考模型。还有一种思想与递归思想正好相反，它能够更加高效地从已知状态进行总结并找到关联，最终推出整个问题的最优解。这种思想就是动态规划。

动态规划问题，也是诸多算法竞赛或者应用模型中考核的重点内容。掌握动态规划并没有一个定式，但却最终要落实在一个式子之上。那么该如何更好地构造这个式子，就需要一步一步地学习和实践。本章从递推入手，逐步介绍动态规划思想。

第一节 递推算法——把握规律，
找出从过去演变而来的当前

【教学提示】

教师先对递推的概念进行讲解，通过案例进一步带领学生感悟推导过程之中的演变原理。学生从自身角度总结出对于问题的领悟，再辅助以练习题目，尝试自己分析总结的方法，然后逐渐融合教师讲解的推导方式，最终达到能够独立完成思考，并将代码书写清晰。

一、典型案例

向上的选择 [1]

校园生活对于优秀的小明同学来说有着双重的含义。一种是自己人生的成长，从过去的每一天，是未来每一天发展的基础；另外一种颇为无奈，就是再怎么考虑，都觉得接触的事物受到了局限，感觉无法走出校园去探究这个世界的全貌。这让他非常无奈，但是，积极的小明同学转而去观察身边的事物，毕竟老师们经常说，一切新事物的发展、新规则的发现都来源于日常生活。

有一天，他走到楼梯边，看到有同学上楼梯时，一会儿迈一阶台阶，一会儿迈两阶台阶。这个太有趣了。如果上楼梯的方式就是这样，可以迈两阶台阶，也可以只迈一阶台阶，则上到 n 阶台阶之上共有多少种方法呢？

他也知道，这个问题肯定不这么简单。很多问题都是选择的问题，无外乎就是各种问题中的推进问题。有多少种方案，是工作量计算的重要标准，如果能够解决这个问题，是不是能够给很多未来的事物做出贡献呢？他非常想知道该如何思考。

二、案例结构分析

正如孩子们面对的人生，每一天的成就都是前面成就的累积所逐渐形成的。没有事物可以真正做到横空出世。

在处理一些问题的时候，我们经常采用的方法都是从已知来推出未知。这之中就要找到其中最关键的点，也就是这些事物之间的关联。那么什么样的算法特别依赖关联来解决问题呢？动态规划算法是这些算法中最重要的一个环节。如果想学会动态规划算法，我们先去探索一下递推算法。

三、支撑模型

1. 递推算法

所谓递推算法，是指从已知的初始条件出发，依据某种递推关系，逐次推出所要求的各中间结果及最后结果。其中初始条件或是问题本身已经给定，或是通过对问题的分析与化简后确定。

---

[1]　见哈工科教云平台第 188976 号案例。

递推算法的首要问题是得到相邻的数据项之间的关系（即递推关系）。递推算法避开了求通项公式的麻烦，把一个复杂问题的求解，分解成若干步连续的简单运算。

2. 递推算法的过程

递推算法是一种理性思维模式的代表，其根据已有的数据和关系，逐步推导而得到的结果。递推算法的执行过程如下：

（1）根据已知结果和关系，求解中间结果。

（2）判定是否达到要求，如果没有满足要求，则继续根据已知结果和关系求解中间结果；如果满足要求，则表示寻找到一个正确的答案。

四、模型案例

模型案例一：地砖铺设 [①]

【题目描述】

在 $2 \times n$ 的一个长方形区域中，用一个 1×2 的地砖铺满方格，输入 n，输出铺放方案的总数。例如当 $n = 3$ 时，为 2×3 区域，地砖的铺放方案有 3 种，如图 9.1 所示。

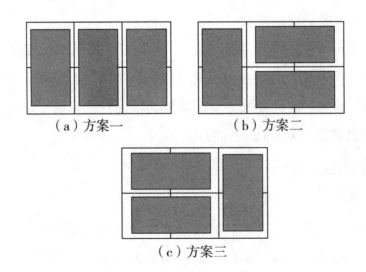

（a）方案一　　　　　　（b）方案二

（c）方案三

图 9.1　铺放方案

① 见哈工科教云平台第 180742 号案例。

【输入格式】

输入由多行组成的数据，每行包含一个整数 n，表示该测试实例的长方形方格的规格是 $2 \times n$（ $0 < n \leq 50$ ）。

【输出格式】

输出每个测试实例的铺放方案的总数，每个实例的输出占一行。

【输入样例】

1

3

2

【输出样例】

1

3

2

【题目分析及参考代码】

这是一个典型题目，也是现实中经常应用的题目。在装修过程中，地砖的铺设是由装修公司提供地砖的铺设图纸才进行铺设的。

分析这个问题时，也要遵循递推算法的基础原则，由已知推未知。

分析的划分步骤如下：

（1）区域为 1×2 时，只有一种方案。

（2）区域为 2×2 时，有两种方案。

（3）因为单块地砖能够涉及的区域只有跨度为 2 的大小，所以最多求两项关联。

（4）分析 3×2 的区域与前面区域的不同点：①显而易见，多了一个 1×2 的区域；②这个区域如果需要覆盖，有两种解决方案，一种是一块地砖纵向放置；另外一种是两块地砖横向放置。

（5）两种处理方案的总结：①纵向放置，只影响一块砖所占空间，剩余的两个区域可以自由放置，根据前面的推导，如果 $f[1]$ 是 $1×2$ 区域的放置方案数，$f[2]$ 是 $2×2$ 区域的放置方案数，那么 $f[3]$ 的其中一种选择方案就是 $f[2]$ 的值，也就是两个区域已经求得的方案数值；②横向放置，那么受影响区域扩大为 2，剩余不受影响区域为 1，与①分析类似，$f[1]$ 就是 $1×2$ 区域的放置方案数。

（6）总结。根据加法原则，两种方案均可以完成工作，总方案数应该为两种方案之和，即 $f[3]=f[1]+f[2]$。

（7）推论。根据总结，$f[4]=f[2]+f[3]$、$f[5]=f[3]+f[4]$，最终可以得到 $f[i]=f[i-1]+f[i-2]$，从而最终逐渐推导至范围内的所有值。

```cpp
#include <bits/stdc++.h>
using namespace std;

int main()
{
    long long f[51];
    int i, n;
    f[0]=1;
    f[1]=1;
    f[2]=2;
    for (i=3; i < 51; i++)
      f[i]=f[i-1]+f[i-2];
    while (cin>>n)
      cout<<f[n]<<endl;
    return 0;
}
```

模型案例二：合并与不合并 [1]

【题目描述】

比如一堆 1，我们是不是可以考虑把 2 个 1 合并成为 1 个 2 呢？这是不是也是一种意义上的编码呢？

在有 n 个 1 的情况下，两个相邻的 1 都可以考虑合并为 1 个 2，那么 n 个 1 一共有多少种表现形式呢？

【输入格式】

第一行为一个正整数 n。

从第二行开始共 n 行，每行都是一个若干个 1 的字符串，长度最多不超过 200 位。

【输出格式】

针对每组输入，输出 1 不合并或者合并组成的数字共有多少种形式。

【输入样例】

3

1

11

11111

【输出样例】

1

2

8

【题目分析及参考代码】

本题的分析也要遵循递推原则，同样使用案例一的分析方式，逐渐放大考虑范围。分析的划分步骤如下：

---

① 见哈工科教云平台第 180743 号案例。

（1）待处理的数字只有 1 个 1 时，只有一种方案。

（2）待处理的数字有 2 个 1 时，有两种方案。

（3）因为 1 只有处理方案，就是考虑合并与不合并的问题，所以只能影响自己和前面 1 个 1 的状态。在这里特别提醒一句，整个过程都只考虑前面的状态，不要与后面的状态进行混淆，否则思维就会陷入混乱。

（4）分析 3 个 1 和 2 个 1 的数字状态的不同点：①显而易见，多了一个 1；②这个 1 如果处理，有两种解决方案，一种是不合并，另一种是合并。

（5）两种处理方案的总结：①不合并的效果：当前 1 不变，但是前面的 2 个 1 就可以按照原有方法进行合并，不受任何影响，也就是模型案例一中的 $f[2]$；②合并的效果：当前 1 和前方 1 合并（再次提醒，它后面没有 1，因为我们还没有考虑到后面的数据，范围是逐渐扩大的），那么会影响 1 个 1，也就只剩下 1 个 1 可以按照原有方案进行合并或不合并，也就是模型案例一中的 $f[1]$。

（6）总结：根据加法原则，两种方案均可以完成工作，总方案数应该为两种方案之和，即 $f[3]=f[1]+f[2]$。

（7）推论。根据总结，$f[4]=f[2]+f[3]$、$f[5]=f[3]+f[4]$，最终可以得到 $f[i]=f[i-2]+f[i-1]$，从而最终逐渐推导至范围内的所有值。

总体分析完成后，这个问题与模型案例一最大的区别在于范围。推导到后面标准的 long long 都无法进行存储。这就需要复习前面学习过的高精度问题，也就是引用了高精度加法的内容。

```
#include <bits/stdc++.h>
using namespace std;


int main( )
{
    int l[205]={};
    int s[205][100]={};
```

```
char z[205];
int i, j, w, t, x;
int T;
l[0]=1;
l[1]=1;
s[0][0]=1;
s[1][0]=1;
for (i=2; i<=200; i++)
{
  for (j=0; j<l[i-1]; j++)
     s[i][j]=s[i-1][j]+s[i-2][j];
  w=0;
  for (j=0; j<l[i-1]+2; j++)
  {
    s[i][j+1]+=s[i][j]/10;
    s[i][j]%=10;
    if (s[i][j]!=0)
      w=j;
  }
  l[i]=w+1;
}
cin>>T;
while (T--)
{
  cin>>z;
  x=strlen(z);
  for (i=l[x]-1; i>=0; i--)
    cout<<s[x][i];
```

```
        cout<<endl;
    }
    return 0;
}
```

模型案例三：数的计算 [1]

【题目描述】

我们要求找出具有下列性质数的个数（包含输入的正整数 n）。

先输入一个正整数 $n(n \leqslant 1\,000)$，然后对此正整数按照如下方法进行处理:

（1）不做任何处理。

（2）在它的左边拼接一个正整数，但该正整数不能超过原数，或者是上一个被拼接的数的一半。

（3）加上数后，继续按此规则进行处理，直到不能再加正整数为止。

【输入格式】

输入一个正整数 n（$n \leqslant 1\,000$）。

【输出格式】

输出一个整数，表示具有该性质数的个数。

【输入样例】

6

【输出样例】

6

【题目分析及参考代码】

用 $h[i]$ 表示正整数 i 所能扩展出的数据个数，则:

---

① 见哈工科教云平台第 104326 号案例。

$h[1]$ 的值是 1

$h[2]$ 的值是 2

$h[3]$ 的值是 2

$h[4]$ 的值是 4

$h[5]$ 的值是 4

$h[6]$ 的值是 6

$h[7]$ 的值是 6

$h[8]$ 的值是 10

$h[9]$ 的值是 10

分析以上数据，可得递推公式：$h(i) = 1 + h(1) + h(2) + \cdots + h(i/2)$。但是，要更加仔细地进行分析。每个数前面的数值就是从 1 到这个数的一半。而前面加的数的方案数，是已经求解过的值，直接做和即可，没有必要继续展开求解，这个问题总结出的式子的解释就非常清晰了。

```cpp
#include <bits/stdc++.h>
using namespace std;

int h[1010];// 表示正整数 n 所能扩展出的数据个数
int main()
{
  int n, i, j;
  cin>>n;
  // 按照递增顺序计算扩展出的正整数的个数
  for(i=1; i<=n; i++)
  {
    // 扩展出的正整数包括 i 本身
    h[i]=1;
    for(j=1; j<=i / 2; j++)
    {
```

```
    //i 左边分别加上 1...[i/2]，按规则扩展出的正整数
    h[i]+=h[j];
  }
}
cout<<h[n]<<endl;
return 0;
}
```

五、典型案例参考代码

这是一道计数问题。在没有思路时，不妨试着找找规律。

例如：当楼梯级数 $n = 5$ 时，一共有以下 8 种方法：

$5 = 1 + 1 + 1 + 1 + 1$

$5 = 2 + 1 + 1 + 1$

$5 = 1 + 2 + 1 + 1$

$5 = 1 + 1 + 2 + 1$

$5 = 1 + 1 + 1 + 2$

$5 = 2 + 2 + 1$

$5 = 2 + 1 + 2$

$5 = 1 + 2 + 2$

但是，如果按照这样的方法分析，找到结果的值是否能够举例完整，是一个很关键的问题。所以，要用在已经学习的模型的基础上进行分析。

请根据上面的分析过程，完善下列内容：

（1）只有 1 阶台阶时，只有 ____ 种方案。

（2）有 2 阶台阶时，有 _____ 种方案。

（3）迈台阶的跨度最多为 _____，最多求 _____ 项关联。

（4）分析 3 阶台阶与 2 阶台阶的不同点：①显而易见，多了 ____ 阶台阶；②这个区域如果需要覆盖，有两种解决方案，一种是迈 ____ 步到第 3 阶台阶，另一种是迈 ____ 步到第 3 阶台阶。

（5）两种处理方案的总结：①迈 2 阶台阶到第 3 阶台阶，如果 $f[1]$ 是 1 阶台阶的行走方案数，$f[2]$ 是 2 阶台阶的行走方案数，那么 $f[3]$ 的其中一种选择方案就是 $f[1]$ 的值，也就是迈 _____ 阶台阶到第 3 阶台阶的方案数值；②另外一种选择方案就是 $f[2]$ 的值，也就是迈 _____ 阶台阶到第 3 阶台阶的方案数值。

（6）总结。根据加法原则，两种方案均可以完成工作，总方案数应该为两种方案之和，即 $f[3] = f[1] + f[2]$。

（7）推论。根据总结，$f[4] = f[2] + f[3]$、$f[5] = f[3] + f[4]$，最终可以得到 $f[i] = f[i-2] + f[i-1]$，从而最终逐渐推导至范围内的所有值。

由此可以分析得到，其实参考程序与模型案例完全相同。两道题目的描述不同，完全可以让人感觉不到它完全一致的本质。这就是在解决问题时，要将问题抽象出问题本质，构建相关模型的意义。

参考答案请学生在下面空白处写出：

六、模型迁移

1. 建墙壁[①]

【题目描述】

你有一个长为 N、宽为 2 的墙壁，给你两种砖头：一种长为 2、宽为 1，另一种是"L"形，覆盖 3 个单元的砖头，如下：

0   0

0 00

砖头可以旋转，两种砖头可以无限制地提供。你的任务是计算用这两种来覆盖 $N \times 2$ 的墙壁的覆盖方法。例如一个 2×3 的墙可以有 5 种覆盖方法，具体如下：

012   002   011   001   011

012   112   022   011   001

注意可以使用两种砖头混合起来覆盖，如 2×4 的墙可以这样覆盖：

0112

0012

给定 N，要求计算 $2 \times N$ 的墙壁的覆盖方法。由于结果很大，所以只要求输出最后 4 位。例如 2×13 的覆盖方法为 13465，只需输出 3465 即可。如果答案少于 4 位，就直接输出就可以，不用加前导 0，如 $N = 3$ 时，输出 5。

【输入格式】

输入一个正整数 n，表示墙的长度。

【输出格式】

输出方案数的后 4 位，不足 4 位直接输出。

【输入样例】

13

---

① 见哈工科教云平台第 101001 号案例。

【输出样例】

3465

【数据范围】

$1 \leq N \leq 1\,000\,000$

2. 栈（NOIP 2003 普及）[①]

【题目描述】

栈是计算机中经典的数据结构，简单地说，栈就是限制在一端进行插入、删除操作的线性表。

栈有两种最重要的操作，即 pop（从栈顶弹出一个元素）和 push（将一个元素进栈）。

栈的重要性不言自明，任何一门数据结构的课程都会介绍栈。

宁宁同学在复习栈的基本概念时，想到了一个书上没有讲过的问题，而他自己无法给出答案，所以需要你的帮忙。

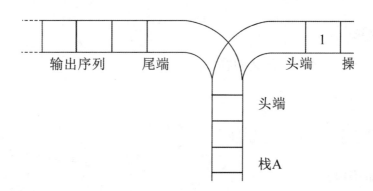

图 9.2　1 到 3 的情况

宁宁考虑这样一个问题：一个操作数序列，1，2，…，n（图 9.2 中 1 到 3 的情况），栈 A 的深度大于 n。

现在可以进行两种操作：

（1）将一个数，从操作数序列的头端移到栈的头端（对应数据结构栈的 push 操作）。

_____

① 见哈工科教云平台第 104342 号案例。

（2）将一个数，从栈的头端移到输出序列的尾端（对应数据结构栈的 pop 操作）。

使用这两种操作，由一个操作数序列就可以得到一系列的输出序列。图 9.3 所示为由 1 2 3 生成序列 2 3 1 的过程。

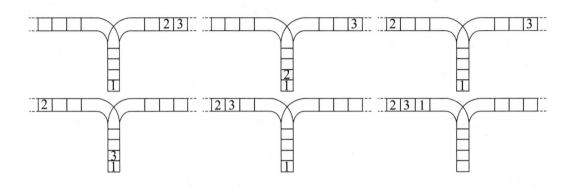

图 9.3　由 1 2 3 生成序列 2 3 1 的过程

你的程序将对给定的 n，计算并输出由操作数序列 1，2，…，n 经过操作可能得到的输出序列的总数。

【输入格式】

输入一个正整数 n，意义如题中所示。

【输出格式】

输出可能输出序列的总数目。

【输入样例】

3

【输出样例】

5

【数据范围】

对于 100% 的数据，有 $1 \leqslant n \leqslant 18$。

第二节　动态规划入门——抓住状态转移规律，获得最优答案

一、典型案例

保护小树[1]

　　已经春节了，春天还会远吗？当然不会远了，所以，我们要为春天做好计划。春天里最重要的事情是什么呢？对于我们美丽的校园来说，最重要的组成部分就是小树。所以，保护好小树，就是最重要的事情之一。

　　每年春天都会有很多的虫子充斥在小树上。为了爱护我们的小树，我们每年都会组织一个抓虫子活动。作为抓虫积极分子，我们总会努力抓到更多的虫子。但是，虫子也是很聪明的，它们也会逃跑，而且逃跑是有规律的，当我们抓一棵树上的虫子时，这棵树两边树上的虫子都会跑得无影无踪（是跑得无影

---

[1]　见哈工科教云平台第 188977 号案例。

无踪，不是逃到其他树上面去）。而且，我们的树是在一条直线上的，除第一和最后一棵树只有一棵树相邻外，其他都有两棵树相邻。请问如何才能捉到最多的虫子呢？

二、案例结构分析

初始看待这个问题时，会觉得很简单。哪棵树虫子多，就抓哪棵树。但是如果细想，就不是这么简单了。一个问题的选择，会影响其他问题。100、300、100 的 3 棵树可以选择最多的先抓，但是 150、300、200 的 3 棵树就不行了。那么能不能接着考虑一个数和左右两边数之和的关系呢？好像也没有那么简单。毕竟，两边的数也是中间那个数。这个问题就变成了一团麻，相互影响。这样的问题该如何解决呢？

三、支撑模型

1. 动态规划的基本思想

动态规划的基本思想是首先确定大规模的原问题，在某些较为复杂的问题中，有时需要将大规模的原问题设置限制条件或进行变形。然后转化为规模较小的子问题，再将规模较小的子问题转化为规模更小的子问题，像剥洋葱一样把问题拆解掉。所以，在学习动态规划模型时，我们需要先学习递推模型。

但真正的动态规划模型不仅由小规模问题组成，更要研究各个更小规模问题与当前规模问题之间如何管理，并按照一定的规则进行抉择。也就是需要在不同规模的子问题中做比较，选择最优的子问题。找到原问题与小规模子问题之间的一般动态关系后，通常是指动态转移方程，需要特殊处理不适用动态转移方程的更小规模的子问题，把它们作为边界值确定下来。最后按照从小到大的顺序，动态递推求出大规模原问题的解。动态规划绘题思路如图 9.4 所示

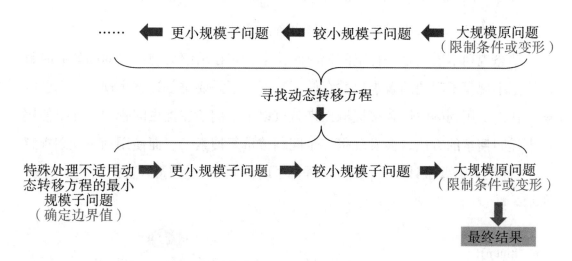

图 9.4　动态规划解题思路

2. 动态规划的适用条件

动态规划不是在任何问题情境中都适用，它能够解决的问题要满足一定的条件，即满足以下两个基本性质：

（1）最优子结构。

在捉虫问题中，我们要求解变形原问题"选第 n 棵树时，n 棵树上可以捉到虫子的最大数量"，就必须先求出"选第 $n-2$ 棵树时，$n-2$ 棵树上可以捉到虫子的最大数量"和"选第 $n-3$ 棵树时，$n-3$ 棵树上可以捉到虫子的最大数量"两个子问题，反过来说，就是本来要求解问题的规模为 n，但是在求解的过程中问题规模为 $n-2$ 和 $n-3$ 的子问题的解也找到了。此时，我们认为变形后的原问题符合最优子结构性质。

（2）无后效性。

无后效性是指之前子问题的结果不会影响原问题的结果。在捉虫问题中，如果选择了第 $n-1$ 棵树，由于第 n 棵树上的虫子会跑光，第 n 棵树就不能选；如果不选第 $n-1$ 棵树，第 n 棵树就可以选。这样看好像不符合无后效性，因为第 $n-1$ 棵树的选择结果影响了第 n 棵树的选择结果。实际上并不是这样，因为我们在最终寻找动态转移方程时发现 n 与 $n-1$ 之间并没有联系，所以该问题仍然符合无后效性。因为选第 $n-2$ 和 $n-3$ 棵树的结果是通过更小规模的子问题递推确定下来的，在计算第 n 棵树的结果时只是在两者之间比较后取了更优的结果，它们选不选择不会影响第 n 棵树的选择。

动态规划本质上是一种空间换时间技术，它在求解大规模原问题的同时就已经把小规模子问题的解求出并存储下来了，不需要重复计算小规模子问题的解，在需要用到的时候直接提取出来就可以了。例如在捉虫问题中，如果使用以下递归搜索的方法，会发现很多子问题被重复搜索了。而使用动态规划求解时，子问题只需要被计算一次，大大提高了时间效率。递归搜索捉虫问题如图9.5所示。

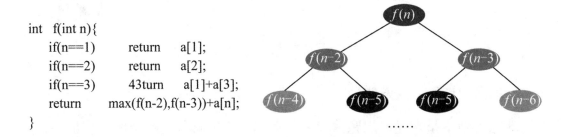

```
int  f(int n){
    if(n==1)        return    a[1];
    if(n==2)        return    a[2];
    if(n==3)        43turn    a[1]+a[3];
    return          max(f(n-2),f(n-3))+a[n];
}
```

图 9.5   递归搜索捉虫问题

所以，也有很多人认为动态规划就类似于正向思考的搜索。这种说法有一定道理，但并不是所有问题都可以这样思考。在这里我们能够介绍一些基础的经验，但是更多的时候，需要思考者亲身的体验和消化才能够更好地理解这个问题本身。

3. 动态规划的解题步骤

在处理典型动态规划问题时，通常可以按照以下步骤进行：

（1）找最优子结构。

在一些简单的问题中，原问题本身就满足最优子结构性质，如限定方向的最短路径问题。但是在较复杂的问题中，原问题一般不具有或不直接具有最优子结构性质，所以通常需要将原问题设置限制条件或变形，使得加工后的原问题满足最优子结构性质。

（2）找动态转移方程。

找到满足最优子结构的原问题后，需要对问题的规模进行降级，在降级的过程中分析小规模子问题与大规模原问题之间的动态关系。通常需要在两个子问题之间进行动态选择，复杂时可能需要在多个子问题之间进行动态选择，直到找到动态转移方程。

（3）找边界值。

确定好动态转移方程后，会发现它通常有使用范围，在超出动态转移方程使用范围的条件中，要分析计算出对应条件的初始值，它们通常是递推的起点。

（4）找递推方向。

通常情况下，需要从边界值开始递推，由小到大，直到解决大规模的原问题。但也有小部分动态规划问题需要从大到小递推。

动态规划类问题相比其他算法来说，更加灵活多变，分类的方法也有很多种。按照问题的结构，可分为线性类动态规划、背包类动态规划、区间类动态规划、树形类动态规划等；按照问题的类型，可分为计数类动态规划、最值型动态规划等；按照问题的维度，可分为一维动态规划、二维动态规划、多维动态规划等。掌握动态规划的基本思想和一般方法，可以帮助你快速入门动态规划。

四、模型案例

模型案例一：淘宝之旅 [①]

【题目描述】

猫在玩一个淘宝游戏：

在一个神奇的国度里，土地被划分成 $n \times n$ 的网格（$1 \leqslant n \leqslant 100$），每个格子里写有一个数 x（$1 \leqslant x \leqslant 100$），途径该格子的人会得到价值 x 的奖品。现在小猫在左上角（1，1），需要走到右下角（n，n），它每一步只能向右走一格或向下走一格。小猫希望获得奖品的总价值最大，希望你能编程帮他解决这个问题。

小猫淘宝之旅如图 9.6 所示。

---

① 见哈工科教云平台第 103969 号案例。

小猫的路线（灰色背景表示）

9	8	9	5	6
8	1	8	5	5
5	4	4	9	7
8	1	9	9	8
3	2	1	3	1

小猫获得的奖品总价值为66

图 9.6　小猫淘宝之旅

【输入格式】

第一行为一个整数 n，表示网格的规模。

接下来 n 行，每行 n 个数，表示每个格子里的奖品价值。第一行第一个数表示左上角，第 n 行第 n 个数表示右下角。

【输出格式】

输出一个整数，为小猫获得奖品的最大总价值。

【输入样例】

5
9 8 9 5 6
8 1 8 5 5
5 4 4 9 7
8 1 9 9 8
3 2 1 3 1

【输出样例】

66

【题目分析及参考代码】

小猫在每个格子的移动中都有两种选择，一个是从上面的格子往下走，另外一个是从左边的各自往右走。所谓动态规划的选择，无外乎就是从左边或者上面的格子根据值的大小进行选择。逐渐完成走的过程，也就完成了计算的过程。

```cpp
#include <bits/stdc++.h>
using namespace std;
int n;
int dp[105][105];
int main()
{
  cin>>n;
  /* 读取每个格子初始价值大小，在没有动态规划求解之前，就是当前最大价值 */
  for(int i=1;i<=n;i++)
    for(int j=1;j<=n;j++)
      cin>>dp[i][j];
  // 预处理第一行
  for(int j=2;j<=n;j++)
    dp[1][j]=dp[1][j-1]+dp[1][j];
  // 预处理第一列
  for(int i=2;i<=n;i++)
    dp[i][1]=dp[i-1][1]+dp[i][1];
  // 从 (2,2) 动态递推至 (n,n)
  for(int i=2;i<=n;i++)
```

```
    for(int j=2;j<=n;j++)
        dp[i][j]=max(dp[i-1][j],dp[i][j-1])+dp[i][j];
    cout<<dp[n][n];
    return 0;
}
```

模型案例二：最长上升子序列[①]

【题目描述】

给出一个由 n 个数组成的序列 $A[1\cdots n]$，求最长上升子序列的长度，使得 $a_1 < a_2 < \cdots < a_m$ 且 $A[a_1] < A[a_2] < \cdots < A[a_m]$。

【输入格式】

第一行为整数 n，$1 \leqslant n \leqslant 1\,000$。

第二行为 n 个整数（int 范围内），它们之间用空格隔开。

【输出格式】

输出一个整数，即最长上升子序列长度。

【输入样例】

10

6 1 2 3 8 2 5 3 7 8

【输出样例】

6

【题目分析及参考代码】

最长上升子序列也是动态规划的基础模型之一。在建模过程中，最简单的方法是选择前面能够接最长的一个数值，接在那个数值的后面，这样随着范围

———————————

① 见哈工科教云平台第 180744 号案例。

的增大，就可以求出完整序列的最长上升子序列。

```cpp
#include <bits/stdc++.h>
using namespace std;
int n;
int a[1005];
int dp[1005];        /*dp 数组表示以第 n 个字符为末尾的最长上升子
序列最大长度 */

int main()
{
  cin>>n;
  for(int i=1;i<=n;i++)
    cin>>a[i];
  dp[1]=1;       // 处理边界值
  for(int i=1;i<n;i++)
    for(int j=i+1;j<=n;j++)
      if(a[j]>=a[i])
        dp[j]=max(dp[j],dp[i]+1);       // 动态转移方程
  int ans=0;
  for(int i=1;i<=n;i++)
    ans=max(ans,dp[i]);   // 在所有子序列中找最大值
  cout<<ans;
  return 0;
}
```

五、典型案例参考代码

当前 3 棵树上的虫子数量分别为 100、150、100 时，如果捉第二棵树，我们可以捉到 150 只虫子，但第一、三棵树上的虫子会跑掉，所以我们应该捉第一、

三棵树上的虫子，总数为 200；而当前 3 棵树上的虫子数量分别为 100、300、100 时，如果捉第二棵树，虽然第一、三棵树上的虫子会跑掉，但是第二棵树上的虫子数量 300 要大于第一、三棵树上的虫子数量之和 200，所以我们应该捉第二棵树上的虫子。

总结发现，当树上虫子数量不同时，会影响捉虫方案，我们无法判断到底是从第一棵树开始还是从第二棵树开始。这时从头开始，按照从已知推到未知的思想来解决问题好像行不通，那么转换一下思路，从尾向前推可不可以呢？

从尾向前推，必须将问题的规模变小。原问题是：当总共有 n 棵树时，能捉到虫子数量的最大值。现在我们在原问题的基础上加一个限制条件：必须选第 n 棵树。那么原问题就变为：当必须选第 n 棵树时，n 棵树上能捉到虫子数量的最大值。

现在将问题规模缩小 1 个单位，产生子问题 1：当必须选第 $n - 1$ 棵树时，$n - 1$ 棵树上能捉到虫子数量的最大值。那么原问题和子问题 1 有对应关系吗？答案是没有。因为第 n 棵树与第 $n - 1$ 棵树相邻，如果选择第 n 棵树，就一定不会选第 $n - 1$ 棵树。

继续将问题规模缩小 2 个单位，产生子问题 2：当必须选第 $n - 2$ 棵树时，$n - 2$ 棵树上能捉到虫子数量的最大值。那么原问题和子问题 2 有对应关系吗？由于第 n 棵树与第 $n - 2$ 棵树中间隔了一棵树 $n - 1$，选第 n 棵树和选第 $n - 2$ 棵树不会发生冲突，但这不意味着我们一定会选第 $n - 2$ 棵树。例如：

虫子数量	…	500	200	100	100
共 n 棵树	…	$n-3$	$n-2$	$n-1$	n

如果选第 $n - 2$ 棵树，只能得到 200 只虫子，但是如果选第 $n–3$ 棵树上的虫子，就可以得到 500 只虫子。所以在这种情况下选择第 $n - 3$ 棵树可以捉到更多的虫子。

继续将问题规模缩小 3 个单位，产生子问题 3：当必须选第 $n - 3$ 棵树时，$n - 3$ 棵树上能捉到虫子数量的最大值。刚刚在子问题 2 中已经分析过，子问题 3 可能是原问题的一个备用选择。

还需要继续将问题规模缩小吗？不需要了！因为选第 $n-4$ 棵树要么是选第 $n-2$ 棵树，即子问题 2 的备用选择，要么是选第 $n-1$ 棵树，即子问题 1 的备用选择，子问题 1 和子问题 2 已经考虑过，因此不需要再考虑了。

因此，原问题的解为：子问题 2 和子问题 3 中较大的值，再加上第 n 棵树上的虫子数量。如果设原问题为 $f[n]$ 表示当必须选第 n 棵树时，n 棵树上能捉到虫子数量的最大值，$a[n]$ 表示第 n 棵树上的虫子数量，那么可以得到以下动态转移方程（n 从 1 开始）：

$$f[n]=\max(f[n-2],f[n-3])+a[n] \quad (n \geqslant 4)$$

由于 n 从 1 开始，所以在该动态转移方程中，所有下标必须大于等于 1。在动态转移方程中，出现了 $n-2$、$n-3$、n 三个下标，其中 $n-3$ 最小，只需要保证 $n \geqslant 4$ 即可。那么，$n=1$、$n=2$、$n=3$ 这 3 种情况需要提前确定。

当 $n=1$ 时，第一棵树必须选，$f[1]=a[1]$。

当 $n=2$ 时，第二棵树必须选，第一棵树一定不选，$f[2]=a[2]$。

当 $n=3$ 时，第三棵树必须选，第二棵树一定不选，第一棵树前没有树，不用比较，可以选，$f[3]=a[1]+a[3]$。

根据以上完整的动态转移方程，就可以求出加了限制条件的原问题的解：当必须选第 n 棵树时，n 棵树上能捉到虫子数量的最大值。那么第 n 棵树一定要选吗？例如当 $n=5$，5 棵树上的虫子数量分别为 100、100、300、500、100 时，$f[5]=\max(f[3],f[2])+a[4]=500$，而 $f[4]=\max(f[2],f[1])+a[4]=600$，会发现 $f[4]>f[5]$，有可能 $f[n-1]$ 的结果要优于 $f[n]$，所以最终的结果应该在 $f[n]$ 和 $f[n-1]$ 中取较大值，才是真正原问题的解。

如果对应前面案例模型所描述的几个部分，可以参考如下：

（1）找最优子结构。

在捉虫问题中，原问题"共有 n 棵树时，可以捉到虫子的最大数量"不符合最优子结构性质，需要将原问题变形为"必须选第 n 棵树时，可以捉到虫子的最大数量"。

```
int f[n]; // 表示必须选第 n 棵树时，可以捉到虫子的最大数量
```

```
int a[n];  // 表示第 n 棵树上原有的虫子数量
```

（2）找动态转移方程。

在案例分析中已经得知，原问题的解为：子问题 2 和子问题 3 中较大的值，再加上第 n 棵树上的虫子数量。

```
f[n]=max(f[n-2],f[n-3])+a[n];  /*n-2 与 n-3 中较大的结果加第 n
棵树原有的虫子 */
```

（3）找边界值。

n 从 1 开始用，保证所有下标大于等于 1，那么要求 n 大于等于 4，需要确定 n 为 1、2、3 时的值。

```
f[1]=a[1];                        // 第一棵树必须选
f[2]=a[2];                        /* 第二棵树必须选，第一棵树一定
不选 */
f[3]=a[1]+a[3];                   /* 第三棵树必须选，第二棵树一定
不选，第一棵树前没有树，不用比较，可以选 */
```

（4）找递推方向。

边界值为 $n=1$，$n=2$，$n=3$，从小到大递推即可。

```
for(int n=4;n<=maxn;n++)        // 从小到大递推
  f[n]=max(f[n-2],f[n-3])+a[n];
```

```cpp
#include <bits/stdc++.h>
using namespace std;

int f[10005]; // 表示必须选第 n 棵树时，可以捉到虫子的最大数量
int a[10005]; // 表示第 n 棵树上原有的虫子数量
int maxn;
int main()
{
  cin>>maxn;
```

```
    for(int i=1;i<=maxn;i++)
      cin>>a[i];
    f[1]=a[1];        // 第一棵树必须选
    f[2]=a[2];          // 第二棵树必须选，第一棵树一定不选
    f[3]=a[1]+a[3];    /* 第三棵树必须选，第二棵树一定不选，第一
棵树前没有树，不用比较，可以选 */
    for(int n=4;n<=maxn;n++)        // 从小到大递推
      f[n]=max(f[n-2],f[n-3])+a[n];
    cout<<max(f[maxn],f[maxn-1]);    /* 最终的结果在 f[maxn] 和
f[maxn-1] 取较大值 */
    return 0;
  }
```

【思维拓展】

动态规划模型的含义其实有很大的调整余地。比如典型案例这道题目，如果将案例的 dp[N] 含义转变为前 n 棵树可以抓的最大虫子，其表达式也可以修改为：

$$dp[i] = \max(dp[i-1], dp[i-2] + a[i]);$$

其含义也很好理解，就是第 i 棵树的虫子抓不抓。

情况一：不抓。那么必然不受影响。前 i−1 棵树想怎么抓，也就是 dp[i−1] 表示的情况。

情况二：抓。那么受影响的是第 i−1 棵树，但是更往前的 i−2 棵树并不受影响。也就是 dp[i−2]+a[i] 所表述的情况。

转换状态，这个程序就会更加精简。

```
#include <bits/stdc++.h>
using namespace std;


int main() {
  int n;
```

```
cin>>n;
int i;
int a[10003];
for(i=0;i<n;i++){
  cin>>a[i];
}
int t[10003]={a[0],max(a[0],a[1])};
for(i=1;i<n;i++){
  t[i]=max(t[i-2]+a[i],t[i-1]);
}
cout<<t[n-1];
return 0;
}
```

六、模型迁移

1. 数字三角形[①]

【题目描述】

给定一个由 n 行数字组成的数字三角形，如图 9.7 所示。试设计一个算法，计算出从三角形顶至底的一条路径，使该路径经过的数字总和最大。

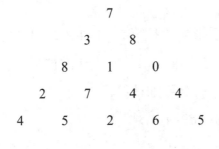

图 9.7 数字三角形

对于给定的由 n 行数字组成的数字三角形，计算从三角形顶至底的路径经

---

① 见哈工科教云平台第 100268 号案例。

过的数字和的最大值。

【输入格式】

第一行是数字三角形的行数 n，$1 \leqslant n \leqslant 100$。

接下来 n 行是数字三角形各行中的数字。所有数字在 $0 \sim 99$ 之间。

【输出描述】

将计算结果输出，表示计算出的最大值。

【输入格式】

5

7

3 8

8 1 0

2 7 4 4

4 5 2 6 5

【输出格式】

30

2. 最大连续子段和 [①]

【题目描述】

给出一段序列，选出其中连续且非空的一段，使得这段和最大。

【输入格式】

第一行是一个正整数 N，表示序列的长度。

第二行包含 N 个绝对值不大于 $10\,000$ 的整数 A_i，描述这段序列。

【输出格式】

输出一个整数，为最大的子段和是多少。子段的最小长度为 1。

---

① 见哈工科教云平台第 100167 号案例。

【输入样例】

7

2 -4 3 -1 2 -4 3

【输出样例】

4

【数据范围】

对于 40% 的数据，有 $N \le 2\,000$。

对于 100% 的数据，有 $N \le 200\,000$。

3. 合唱队形 [①]

【题目描述】

N 位同学站成一排，音乐老师要请其中的 $(N - K)$ 位同学出列，使得剩下的 K 位同学排成合唱队形。

合唱队形是指这样的一种队形：设 K 位同学从左到右依次编号为 $1, 2, \cdots, K$，他们的身高分别为 $T_1, T_2, \cdots, T_K$，则他们的身高满足 $T_1 < \cdots < T_i + 1 > \cdots > T_K (1 \le i \le K)$。

你的任务是，已知所有 N 位同学的身高，计算最少需要几位同学出列，可以使剩下的同学排成合唱队形。

【输入格式】

第一行是一个整数 $N (2 \le N \le 100)$，表示同学的总数。

第二行有 n 个整数，中间用空格分隔，第 i 个整数 $T_i (130 \le T_i \le 230)$ 是第 i 位同学的身高（单位为厘米）。

【输出格式】

输出一个整数，表示最少需要几位同学出列。

---

① 见哈工科教云平台第 109762 号案例。

【输入样例】

8

186 186 150 200 160 130 197 220

【输出样例】

4

4. 货币系统[①]

【题目描述】

给你一个 n 种面值的货币系统，求组成面值为 m 的货币有多少种方案。

【输入格式】

输入 n 和 m。

【输出格式】

输出方案数。

【输入样例】

3 10　　　//3 种面值的货币组成面值为 10 的方案

1　　　　// 面值为 1

2　　　　// 面值为 2

5　　　　// 面值为 5

【输出样例】

10

【学习建议】

在学习动态规划算法之前，确保学生对基础概念有清晰的理解，包括递归、递推、状态转移等概念，这些是理解动态规划算法的基础。可以先从一些线性动态问题开始入手，如最长上升子序列、最大连续子段、最长公共子

---

① 　见哈工科教云平台第 180745 号案例。

序列问题等，随着学生对动态规划的理解深入，再引入更复杂的问题，如背包问题、区间 DP、树形 DP、状态压缩等。学生可以在哈工科教云平台上观看学习"NOIP 普及组课程 -L2"模块下的《动态规划概念》视频课程，完成视频下方配套练习题目。

附录 哈工科教云平台使用方法

本册书中的案例、习题在哈工科教云平台上均有呈现，读者可登录平台进行练习测评。平台的使用方法如下。

一、推荐浏览器

为避免浏览器兼容性问题导致无法访问平台，建议使用微软官方浏览器 Microsoft Edge。下载网址：https://www.microsoft.com/zh-cn/edge? form=MA13FJ。

二、哈工科教云平台使用方法

1. 哈工科教云平台平台首页（附图 1）

平台网址：https://oj.hterobot.com/。

附图 1　哈工科教云平台首页

2. 注册账号

在首页找到"注册"（附图 2），填写相关信息（附图 3），注册账号。

附图 2　注册账号（1）

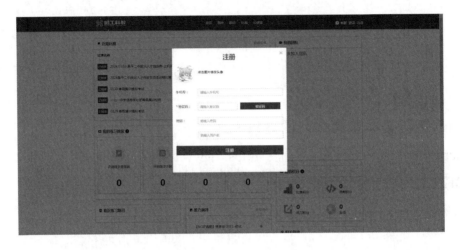

附图 3　注册账号（2）

3. 题目练习

（1）查找题目。

读者可通过书中的案例名称或者编号，搜索对应题目（附图 4），进行练习。

附图 4　查找题目页面

（2）测评界面与测评点下载。

提交程序后，平台会给出测评结果。每个测试点均可以下载，有需要的读者可下载未通过的测试点（附图5和附图6），查看与分析自己的答题情况，完善程序。

附图5　测评界面与测评点下载页面（1）

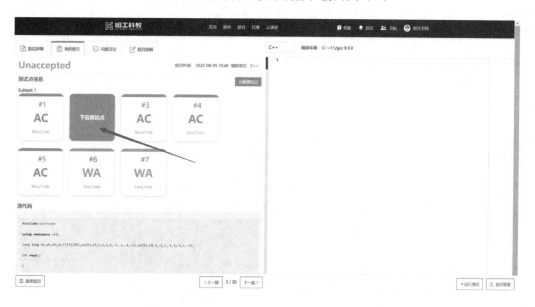

附图6　测评界面与测评点下载页面（2）

（3）题目讨论/提问。

对于每道题目，平台提供"问题讨论"模块（附图7）。读者可选择将自己的问题发送到模块中，与其他学习者共同探讨。

附图 7　问题讨论页面

参考文献

［1］赵启阳 . 信息学奥林匹克辞典 [M]. 北京：机械工业出版社，2023.

［2］江涛，宋新波，朱全民 . CCF 中学生计算机程序设计教材 [M]. 北京：科学出版社，2016.

［3］中国计算机学会 .NOI 大纲（2023 年修订版）[EB/OL].[2023-03-15]. https://www.noi.cn/xw/2023-03-15/788060.shtml.